"青少年互联网素养"丛书

互联网文化
网络世界万花筒

HULIANWANG WENHUA:
WANGLUO SHIJIE WA

U0185873

主　编■王仕勇　魏　静

副主编■李萌萌　孟育耀

西南师范大学出版社

国家一级出版社　全国百佳图书出版单位

图书在版编目（CIP）数据

互联网文化：网络世界万花筒 / 王仕勇，魏静主编
. -- 重庆：西南师范大学出版社，2019.11
（"青少年互联网素养"丛书）
ISBN 978-7-5621-9369-2

Ⅰ.①互… Ⅱ.①王… ②魏… Ⅲ.①互联网络−网
络文化−青少年读物 Ⅳ.① TP393.4−05

中国版本图书馆 CIP 数据核字 (2018) 第 119233 号

"青少年互联网素养"丛书
策　　划：雷　刚　郑持军
总主编：王仕勇　高雪梅

互联网文化：网络世界万花筒
HULIANWANG WENHUA: WANGLUO SHIJIE WANHUATONG

主　编：王仕勇　魏　静　　副主编：李萌萌　孟育耀

责任编辑：张燕妮
责任校对：杨佳宜
装帧设计：张　晗
排　　版：重庆允在商务信息咨询有限公司
出版发行：西南师范大学出版社
　　　　　地址：重庆市北碚区天生路 2 号
　　　　　邮编：400715
　　　　　市场营销部电话：023-68868624
印　　刷：重庆紫石东南印务有限公司
幅面尺寸：170mm×240mm
印　　张：11.75
字　　数：175 千字
版　　次：2020 年 3 月　第 1 版
印　　次：2020 年 3 月　第 1 次印刷
书　　号：ISBN 978-7-5621-9369-2

定　　价：30.00 元

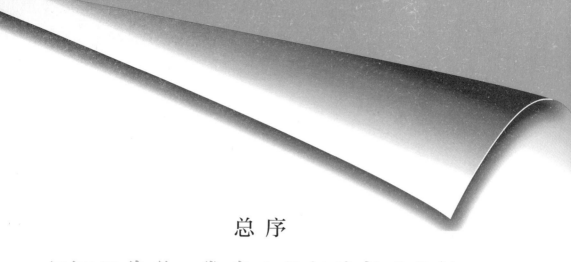

总 序

互联网素养：数字公民的成长必经路

2016年，在第三届世界互联网大会开幕式上，互联网传奇人物马云发表了一场演讲。他说，"未来30年，属于用好互联网技术的国家、公司和年轻人"。

在日新月异、风云激荡的新科技革命时代，互联网早就深刻地改变了，并将继续改变着整个地球村。国家、公司和年轻人，都在纷纷抢占着互联网高地。日益激烈的互联网竞争，不仅是计算机科学家之间的竞争，是互联网前沿技术的竞争，更是由互联网知识、互联网经验、互联网思想、互联网态度、互联网精神等构成的互联网素养的竞争。

梁启超在一百多年前曾发出时代的强音："少年智则国智，少年富则国富，少年强则国强……少年雄于地球则国雄于地球。"今日之中国少年，恰逢互联网盛世，在互联网的"怀抱"下成长，汲取着互联网的乳汁，其学习、生活乃至将来从事工作，必定与互联网难分难解。然而，兼容开放的互联网是泥沙俱下的，在它提供便捷、制造惊喜的同时，社会的种种负性价值也不断迁移和渗透其间，如何"取其精华，弃其糟粕"，切实增进青少年的信息素养，迫在眉睫，刻不容缓。

毫无疑问，互联网素养是21世纪公民生存的必备素养。正确理解互联网及互联网文化的本质，加速形成自觉、健康、积极向上、良性循环的互联网意识，在生活、交友和成长过程中迅速掌握日益丰富的互联网

技能，自觉吸纳现代信息科技知识，助益个人成长，规避不良影响，培育全面的互联网素养，成为合格的数字公民，是时代对青少年的召唤。

党和政府一直高度重视信息产业技术革命，高度重视青少年信息素养培育工作，高度重视为青少年营造良好的互联网成长环境，不仅大力普及互联网技术，积极推动互联网与各行各业融合发展，而且将信息素养提升到了青少年核心素养的高度，制定了《全国青少年网络文明公约》等法律规章，对青少年的互联网素养培育提出了殷切的希望。

摆在读者朋友们面前的这套丛书，正是一套响应时代、国家和社会的呼唤，紧密围绕"互联网素养"与"青少年成长"两大主题而精心策划、科学编写的，成系列、有趣味的科普型青少年读物，涵盖了简史、安全、文明、心理、创新创业、学习、交际、传播、亚文化等多方面话题。丛书自策划时起便受到了著名心理学家黄希庭先生，深圳大学心理学院李红教授，西南大学文学院肖伟胜教授等人的关注。在选题论证、组织编写、项目推进的过程中，重庆工商大学的王仕勇教授，西南大学的高雪梅教授、吕厚超教授、曹贵康副教授，都投入了大量精力。尤其是王教授和高教授两位总主编，在拟定提纲、撰写样章、审读书稿、反复校改中，可谓是不惮繁难、精益求精。丛书还得到了重庆市出版专项资金资助项目、重庆市科委科普资助项目的大力支持。在此，谨向关心和支持丛书出版的专家学者、作者和文化机构表示诚挚的谢忱。

互联网发展迅猛，迭代频繁，有其自身的规律，人们也在不断地认识它，丛书中的很多知识、观点或许很快就会过时，但良好的互联网态度、互联网意识、互联网精神则不会过时。愿广大青少年能早日成为合格的数字公民，为建设网络强国、实现民族腾飞梦添砖加瓦，在互联网时代一往无前，劈波斩浪！读者朋友们，开卷有益，让我们互相砥砺吧！

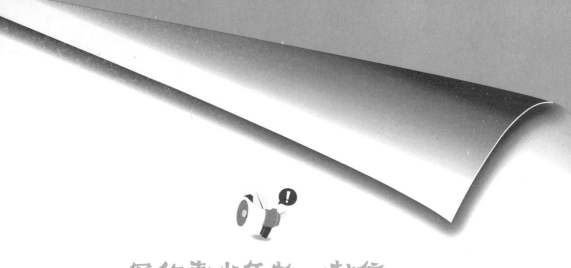

写给青少年的一封信

亲爱的青少年朋友：

你们好！在你开始翻看这本书之前，小编有些心里话想要和你们说一说。

中国互联网络信息中心（CNNIC）第 44 次《中国互联网络发展状况统计报告》显示截至 2019 年 6 月，我国网民规模已经达到了 8.54 亿，普及率达 61.2%。2019 年 3 月发布的《2018 年全国未成年人互联网使用情况研究报告》显示截至 2018 年 7 月 31 日我国未成年网民规模达 1.69 亿，未成年人的互联网普及率达到 93.7%，明显高于同期全国人口的互联网普及率（57.7%）。

青少年既是互联网文化的制造群体，又是互联网文化的最大消费群体——青少年在互联网文化的生产、传播中表达自我、张扬个性。一些极具创意、富有个性的互联网文化，如新奇的网络流行语、表情包等总会烙上"青少年制造"的印记。从最初的饱受争议到现在成为一种流行现象，网络文化不断更新，不断焕发出勃勃生机。

网络文化潜移默化地渗透到我们的现实生活中，让我们又爱又恨。我们热爱网络，因为移动互联网改变了我们的生活方式，一部智能手机加

上在线支付，就可以解决吃、穿、住、用、行。我们恨网络，因为有些时候我们感觉自己像是网络和智能手机的"奴隶"，纷繁复杂的网络信息对我们的世界观、价值观和人生观产生着不可忽视的冲击。

这本书是青少年互联网素养系列丛书中的一本，主要介绍互联网文化。互联网文化纷繁复杂，由于篇幅有限，我们只选取其中的一些进行展开。本书共分为八章，每章分别对不同形态的互联网文化进行简单描述。如：网络文艺、网络游戏、网络流行语、网络脱口秀、网络鸡汤文、社交媒体、粉丝文化、网络直播等。

网络文化更新速度极快，也许当这本书出版时一些案例已经过时，但我们仍希望本书能勾起一些属于你们的青春回忆。希望大家能正确对待互联网文化这样一种快餐文化，在网络世界中保持理性，健康成长！

编者于 2019 年 7 月

目　录

互联网文化：网络世界万花筒

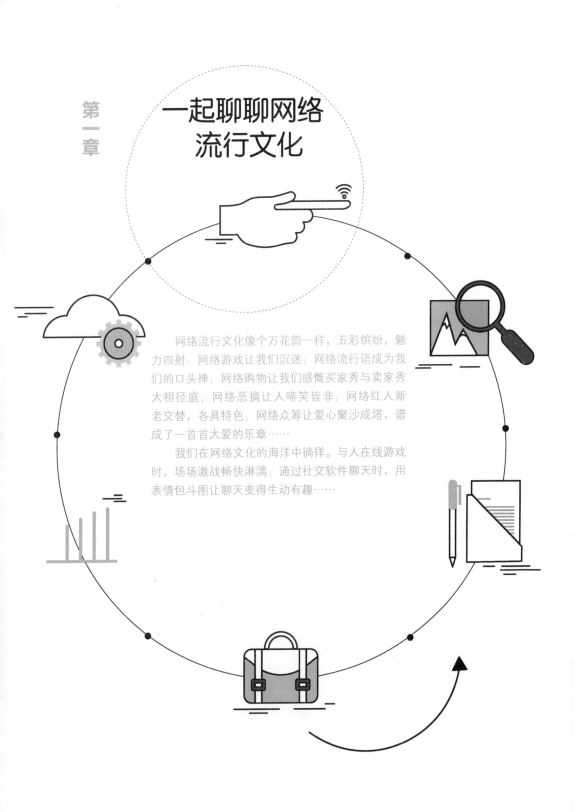

第一章

一起聊聊网络流行文化

网络流行文化像个万花筒一样，五彩缤纷，魅力四射：网络游戏让我们沉迷；网络流行语成为我们的口头禅；网络购物让我们感慨买家秀与卖家秀大相径庭；网络恶搞让人啼笑皆非；网络红人新老交替，各具特色；网络众筹让爱心聚沙成塔，谱成了一首首大爱的乐章……

我们在网络文化的海洋中徜徉。与人在线游戏时，场场激战畅快淋漓；通过社交软件聊天时，用表情包斗图让聊天变得生动有趣……

▶ 第一节　你是网络"小潮人"吗？

　　网络如此可爱，网络流行文化如此迷人，让我们先自测一下，自己是否是网络小潮人，再一起走进网络的世界，静静感受网络文化的魅力。

　　最新"网络知识测试题"，测一测你是不是网络小潮人，总分 100 分，答题开始。（共 10 题，每题 10 分）

　　1. 下面哪一个是短视频 App（　　）。

　　A. 抖音；　　　　　　　　　　B. 闲鱼；

　　C. 优酷；　　　　　　　　　　D. 爱奇艺。

　　分析：正确选项 A。抖音是一款音乐创意短视频社交软件，是一个专注年轻人的 15 秒音乐短视频社区。用户可以通过这款软件选择歌曲，拍摄 15 秒的音乐短视频，形成自己的作品。

　　2. 微信上突然冒出"呱行千里母担忧"之类的玩家群。"你的蛙蛙回来了吗？""别提了，它都看一下午书了，老妈不需要你上清华北大，快出去浪啊！"他们谈论的是（　　）。

　　A. 手机小游戏"旅行青蛙"；　　　　B. 养宠物青蛙的事情；

　　C. 亲子游戏；　　　　　　　　　　D. 对亲人的思念。

　　分析：正确选项为 A。日本 Hit-Point 公司出品的手机小游戏"旅行青蛙"，在短短一个双休日就霸占了朋友圈，跃升 App Store 中国区免费游戏下载榜冠军。在这款游戏中，青蛙不练级，也不闯关，去哪里旅行，去几天，都是随机的。与刺激性的竞技游戏相比，青蛙游戏相对轻松、休闲，几乎不需要怎么操作，近乎零社交的单机游戏，让从竞技场脱身出来的游戏迷，放下对成功的执念，去体会"孤独感"带来的平静和满足。

3. 网络语"orz"正确的解释是（　　　）。

A."偶然在"的字母拼音缩写；

B. 并没有什么实际意义，只是一个符号；

C. 膜拜的意思；

D.Omni Range Zoro 全向无线电信标零位。

分析：答案选 C。Orz 是失意体前屈的缩写，是一种源自日本的网络形象文字，原本指网络流行的表情符号"01⁻L"……

4. 网络新词"疯狂打 call"，请选出对其理解错误的答案（　　　）。

A. 疯狂打电话的意思，call 就是打电话；

B."打 call"是演唱会 Live 应援文化之一。为了表示对台上偶像歌手的支持，粉丝们跟着节奏挥舞荧光棒、喊"加油"打气，一起营造热烈的气氛；

C."疯狂打 call"同时用来表达对某个人、事、物的支持；

D."打 call"含有加油的意思。

分析：选项为 A。"疯狂打 call"是日本演唱会 Live 应援文化之一。为了表示对台上偶像歌手的肯定，粉丝们跟着节奏挥舞荧光棒、喊"加油"打气，一起营造热烈的气氛。"打 call"实质上就是：加油！

5. 看完一部玄幻剧，你是一脸茫然还是"两个氢原子"？这里"两个氢原子"指的是（　　　）。

A. 恍然大悟；　　　　　　　B. 疑惑不解；

C."呵呵"的意思；　　　　　D. 两个化学元素 He。

分析：选项为 C。两个氢原子，网络用语，是"呵呵"的意思。因为

氦原子用元素符号表示为 He，表示原子个数的数字写在元素符号的前面，因此两个氦原子表示为 "2He"，也就是 "HeHe"，汉语就是 "呵呵"。其含有蔑视、敷衍、不乐意的意思。

6. 2015 年入选《牛津词典》的年度词汇是（　　　）。

A. 😂；　　　　　　　　　　　　B. 互联网 +；

C. 创客（Mak-er）；　　　　　　D. 网红（online star）。

分析：正确答案为 A。《牛津词典》的编撰人员每年都会评选出一个年度词汇，以代表英语语言在当年出现的最大趋势或变化。2015 年《牛津词典》有史以来第一次将年度词汇给了一个表情符号。😂官方释义为 "喜极而泣的笑脸"。表情符号以一个简单的图像反映使用者当时的情绪、性格以及关注的事物，甚至可以超越不同语言之间的界限，适应了网络时代的沟通需求。

7. 两款爆红的网络手游——《王者荣耀》和《阴阳师》，让不少网友纷纷加入斗技的队伍。请选出以下选项的正确答案（　　　）。

A. "玄不救非，氪不改命" 出自《王者荣耀》经典信条；

B. 在《王者荣耀》中运气差的玩家拥有非洲人血统；

C. "运筹帷幄之中，决胜千里之外" 出自《王者荣耀》诸葛亮；

D. 在《阴阳师》中你可以随时进行自由组队，进行多人对战。

分析：正确答案为 C。"玄不救非，氪不改命" 出自《阴阳师》，意思是在游戏中许多运气不好的非洲血统玩家是无法战胜欧洲血统玩家的，所以 A 错误；非洲人血统是《阴阳师》中特有的，B 错误；自由组队、多人对战是《王者荣耀》中的模式，所以 D 错误。

8. "不要让拉黑你的人占用你的空间，你也试试吧，复制我的消息，找到微信里的设置，通用，群发助手，全选，复制粘贴消息发送就行，谁的名字变色了，删掉就行！" 不少微信用户都收到过这样一条群发的 "好友测试" 信息，进行所谓的 "拉黑测试"，选出正确答案（　　　）。

A. 所谓的"拉黑测试"并不能真正检测出是否被对方拉黑；

B. "拉黑测试"可以检测出谁拉黑了你；

C. "拉黑测试"可以检测出谁是假朋友；

D. "拉黑测试"可以让友谊的小船说翻就翻。

分析：正确选项为 A。所谓的"拉黑测试"并不能真正检测出是否被对方拉黑，其流行有两方面原因：一方面网民受到模仿与从众心理驱使，一开始可能不以为然，但看到身边的同事与家人都在进行测试，也会加入测试行列；另一方面，人们习惯于比较交际的成本和收益，想通过测试哪些人已拉黑了自己，然后把那些人删掉，将空间留给剩下的"更值得交往的人"。不能言说的深层心理，加速了微信"拉黑测试"的传播。

9. 微信朋友圈经常有人分享自己"吃鸡"的手机截图，我们也常在课间听三五同学聚在一起讨论昨晚"吃鸡"的精彩瞬间。这里的"吃鸡"指的是（　　）。

A. 昨天的晚饭；　　　　　　B. 一款游戏；

C. 最喜欢的食物；　　　　　D. 一款短视频 App。

分析：正确选项 B。"吃鸡"即"大吉大利，晚上吃鸡"的简称。其实"吃鸡"是指一款叫作《绝地求生：大逃杀》的游戏，当玩家获得第一名的时候就会有一段台词出现："大吉大利，晚上吃鸡"，所以渐渐地玩家喜欢用"吃鸡"来指《绝地求生：大逃杀》这款游戏，或者用"吃鸡"指玩家在该游戏中获得胜利。

10. 根据语境解释词语。（每小题 5 分）

（1）小明打《王者荣耀》时，是我们队伍的 ADE。

（2）《甄嬛传》里的年贵妃作恶多端，最后被皇上赐死，这可真是孽力回馈啊！

解析：（1）指"杰出之人"，可译为"顶尖""王牌"。常指在游戏中整个队伍中最厉害的人物。

第一章 一起聊聊网络流行文化

（2）指遭恶毒的行为或恶毒的话反噬。

测试题共 10 道，每题 10 分，到底是不是网络潮人，我们用分数说话。

80 分以上：恭喜你获得年度网络潮人王封号，你对现今网络的流行可是相当的了解哟。想必你定是个网虫，还很可能是个御宅族，休闲下来的大部分时间都泡在网络上，因此对于一些网络术语的运用也是相当的得心应手。对于新出现的娱乐性的软件和下载工具也是相当的熟悉，你对于网络的自由运用已经无人能敌啦。

60～70 分：你对网络有一定了解但并不痴迷，你对网络有着基础的认识和初步的了解，但并不时常钻研它。网络只是占据了你生活中的一部分，而并非全部。

60 分以下：面对这些题你是不是一脸茫然呀，可能你平时很少用到网络，也可能你经常需要操作的网络软件和需要上网的网站就那么固定几个。赶紧补补课，赶上社会潮流吧！

第二节 这些年"撩"过我们的网络文化

听我讲故事

五年级学生小蒙，有一天在楼下听到两个老人在谈论何首乌的养生之道。一个在谈何首乌的黑发功效，另一个摸着头上的白发直言要试试。小蒙上前说："爷爷，您刚才讲的新鲜何首乌是没有养肝黑发功效的，生的何首乌只有清热解毒、清肠胃的作用。应当选用熟制的何首乌才可以。"小蒙的话让两位老人非常诧异，以为小蒙家是中药世家。结果他很腼腆地说："上网一查就什么都知道了。"

初二学生优优正在看网络涂鸦，网友笔下的杜甫或者肩抗机枪，或者身骑大马，或者脚踏摩托车，或者挥刀杀敌，或者敲击键盘……让人忍俊不禁。这时爸爸匆匆赶回家，提醒他赶紧关门关窗，因为台风"利奇马"马上就要来了。台风"利奇马"袭虐之后，优优和爸爸出门，看见树木的断枝残叶散落一地，居民门前的物件东倒西歪，更有一个硕大的挡雨棚已经松脱挂壁，棚下穿过的数十根网线也被扯着垂落巷间。考虑到这个社区老年人居多，松脱的雨棚与线路会带来极大的安全隐患。爸爸决定让优优留下来照看现场，他回去叫人帮忙。等爸爸带着两名同事赶来的时候，惊奇地发现优优这边已经聚集了不少帮手。有的在拉开挡道的树枝，有的在拨开排水道上堵塞的垃圾，还有的正撑着垂落的线路。等众人七手八脚地卸完危险的雨棚，帮忙的人群也散尽了。"怎么出现那么多帮忙的人？"爸爸很是疑惑。优优说："在爸爸你离开的时候，我在几个社交平台上发布了求助信息。平台上的同学、网友，甚至是游戏好友，只要是住在附近的，都过来帮忙了。"

我们在行动！

网络是一个大平台，聚集了各种各样的人，形成了多元的网络文化。有网络达人帮我们解疑释惑，有游戏达人和我们并肩作战，有社交平台

讨论热点话题，有购物达人分享买家心得，有网络恶搞让人啼笑皆非，还有网络众筹将爱聚沙成塔……利用好网络，就能发挥无可比拟的力量。我们身边的网络文化缤纷绚丽，那么网络文化到底是从什么时候开始发展起来的？下面就让我们一起来梳理一下网络文化的产生与发展，并了解一下网络文化给我们带来了哪些方面的影响。

● Internet 的诞生

1969 年的一天，因特网的前身阿帕网（ARPAnet）在加州大学洛杉矶分校、斯坦福大学研究院、加利福尼亚大学和犹他州大学的四台主要的计算机连通，这一举措实现了分组交换网络的远程通信，标志着世界互联网正式诞生了。14 年之后，也就是 1983 年，美国国防部成功研制了用于异构网络的 TCP/IP 协议，美国加利福尼亚伯克莱分校把该协议作为其 BSDUNIX 的一部分，使得其在社会上流行起来，从而诞生了真正的 Internet。

1994 年 4 月，雅虎创始人杨致远与大卫·费罗（David Filo）推出了互联网导航指南，并着手制订互联网世界的游戏规则。4 月 20 日，中国通过一条 6K 的国际专线接入国际互联网，这标志着中国互联网的诞生。

中国互联网信息中心（CNNIC）成立的 1997 年，被公认为中国互联网元年。这一年中国早期最知名的三家互联网公司都呱呱落地了，它们是搜狐、网易、新浪。它们引领了中国互联网的第一波浪潮，并先后在美国股市上市，奠定了中国三大门户网站的江湖地位，这是中国互联网的 1.0 时代。而 1998 年创立的腾讯，将"人"和"人"进行了连接；1999 年创立的阿里巴巴，将"人"和"商品"进行了连接；2000 年创立的百度，将"人"和"信息"进行了连接，形成了中国互联网的三足鼎立之势，这是中国互联网的 2.0 时代。[1]

---

[1] 引用自《互联网大会：中国互联网如何瞒天过海？为什么美国注定失败》，2016-11-18，有删改。

● 网络文化的产生与发展

网络让人类精神文化活动更加丰富多彩。互联网冲破了时空的限制，让我们足不出户，就能在全世界范围内发送 E-mail、在线聊天、远程控制、联机游戏、分享信息、跨境消费等。当人们的工作、学习、生活、交往、消费都借助互联网来实现的时候，就形成了一种新的文化——网络文化。可以说网络是网络文化诞生的土壤，网络文化自诞生之日起就与网络时代人们的生活息息相关。

在中国互联网发展的二十多年历程中，随着网络功能的逐步完善和加强，网络文化的发展也呈现出欣欣向荣之势：从萌生、发展壮大，到网络聊天、网络音乐、网络流行语、网络游戏、网络小说、网络红人等各种网络文化的井喷式出现，再到微博、微信、移动支付，互联网方便了我们的日常生活。不仅原有的传统文化形态得到了传承和弘扬，新兴的网络文化形态也日益丰富起来，为文化的发展注入了新的活力。

● 网络文化影响的正反面

伴随着网络技术的快速发展，我们身边出现了越来越多的新媒体，比如微信、微博、各种直播平台等。它们使网络文化的影响越来越广泛。

一方面，网络文化具有多样性与创新性的特点。随着微博、微信等新媒体的兴起，我们获取信息的便利性得到了提高。我们足不出户，就能了解当下发生的各种新奇的事情，了解各个领域的知识。我们想拥有马甲线，上网一搜索，就会有健身达人为我们提供方法；我们想去一个城市旅游，社交媒体上早有达人将路线规划得清清楚楚；我们手上有一篇好的文章，可以上传到百度文库，分享给更多的人。针对同一个热搜话题，我们还可以通过 BBS（论坛）、社交媒体展开激烈讨论，酣畅淋漓地发表自己的看法与见解。动动手指我们就能实现信息的共享。一双潮鞋、一个草根明星、一份美食、一个城市的美景，正通过网民的共享变成热门话题。

另一方面，我们也要看到网络文化是一把双刃剑。由于网民网络素养参差不齐，网络监管无法面面俱到，所以网络在为我们提供便利的同时，也造成了诸多不良影响。比如，网络虽拓展了我们获取信息的渠道，但是这些信息未加筛选，真真假假混在一起，甚至有时候混淆了我们对真相的认知。关于某一事件，往往信息混杂，谣言四起，迷惑视听，有时甚至会影响我们的判断力。其次，针对一个热门事件，很多网民往往持有不同观点，并为此争得面红耳赤。我说我有理，他说他有理，甚至出现人身攻击的现象。如果类似的事情频繁发生，我们的认知甚至价值观都可能会受到影响。此外，网络病毒和电脑黑客也威胁着网络安全和电子商，一不留神，我们的隐私和利益就会受到侵害。以上问题的出现，使我们在品味网络文化"甘甜"的同时，也开始领略它的"苦涩"。

一起谈谈心

互联网突破了国界，让整个世界变成了"地球村"。网络文化以前所未有的速度在传播，影响着越来越多的人。但是我们要清醒地看到，网络文化就像一条大河，挟裹着珍珠和泥沙翻滚而下，既传播文明又倾泻垃圾，既开启民智又制造蒙昧盲目。网络文化是多种文化活动、文化方式、文化产品、文

化观念的集合，它包含的范围非常广泛，甚至随着时间的推移，我们身边还会出现新的网络现象与网络文化。我们要促进网络文化正向发展，打造健康的网络文化环境。

● 拥抱流行、积极的网络文化

提起网络文化，我们马上会想起近些年流行的网络用语。从"贾君鹏你妈妈喊你回家吃饭"的网帖引发网友的狂欢和创作高潮，到后面某宝的客服人员逢人就要喊"亲"；从"人艰不拆""给力""点个赞"到现在兴起的"老铁"、逢人就是"666"。网络语言直观、简洁的表述方式，满足了人们快速交流的需要，同时也表达了人们不受羁绊、崇尚

自由的心理。

近年来出现的网络众筹，作为一个帮助弱势群体筹措资金的爱心平台，利用大众的点滴爱心为无数身处绝境的弱势人群解了燃眉之急。"灾难无情，人间有爱"，网络众筹这个方式，让我们真切感受到了人们点滴爱心、聚沙成塔的力量。这不仅传递正能量，更体现了崇德向善的道德风尚已经在网络上成为一种风气，帮助他人成为一种自觉行动，更是一种生活态度和方式。

有些网络文化现象只是昙花一现，但有些则适应了当代的社会环境，对于传统文化是一种创造与发扬。对于一些健康的网络文化我们要鼓励和肯定，文化唯有不断自我创新和发展，才能更加鲜活、充满生命力。

● 理性辨识网络文化的真实与失实

网络是一把双刃剑。它提供海量信息，一方面有益的信息以极快的速度进行多次传播，可以为我们的生活与学习提供便利。另一方面在传播过程中，人们很容易将自己的见解加入信息中或根据自己的喜好进行信息的取舍，导致信息无意失实。而且，由于网络传播的匿名性与即时性，一些网民甚至故意编造虚假信息，传播谣言，混淆视听，有意成为虚假信息的传播者，影响社会正常秩序。

很多网络负面信息真实与否，对我们来说难以核实。一些毫无事实依据并且带有目的性的失实信息，其社会危害是非常大的。在信息爆炸的时代，我们往往是习惯了一味接受信息而缺乏信息甄别的能力。

我们对待网上的各种信息一定要客观冷静，不要盲目跟风传播。仔细甄别，从自身做起，做到不传谣、不信谣，才能避免自身利益受到侵害。

很多时候年轻网民是网络文化形成的直接参与者和传播者。这些文化经过不断复制与再造，拥有了越来越多的传播者，对社会的影响也越来越大。网络文化的流行，体现着网民情绪的外泄与自我的张扬，时尚的追求与内在的娱乐。很多网络文化传达的都是青春的声音与呼唤，一种人生特定阶段的沉思与矛盾，一种青年所特有的认知与情绪。我们要合理看待网络文化，用更多的正能量诠释青春的意义。

趣味 小链接

网络文化中有一种"标签文化"，即给各类人群贴上固定标签，给各类人群一个固定的定义。例如：女司机都是"马路杀手"，富二代都是纨绔子弟，"90后"大多脑残。那么思考一下：我们应该如何看待"标签文化"呢？我们应该随意给别人"贴标签"吗？

近年来一批新式称呼出现在我们的视野中，越来越多的标签被贴在各种人群身上，譬如"宅男""富二代""白富美""中国式城管""女司机""月光族"等。贴标签成为一种常见的网络文化现象。

"贴标签"有两种情况。一种情况是，对一些人和事物进行划分归类，用一个简化的名称来指这些人和事物，这个名称就是一个"标签"。比如，把收入低、成群拥挤住在一起的人归为一类，贴上"蚁族"这个标签。另一种情况是，在原有某一类人和事物的基础上，把其中某些对象具有的一些特征，扩大到这一类人和事物的所有对象上，贴上一个标签。比如，从职业来看，医生是一类人，其中有少数医生有不良行为，有人就造出"无良医生"这个标签，贴在所有医生身上。一则"女司机买新车在小区转

悠炫耀，碾死邻居赔偿 58 万"的新闻引发网友关注。焦点很自然地又落到了"女司机"上，一些媒体在转发这条新闻时也对"女司机"进行负面的评价，而后很多人将女司机称为天生的"马路杀手"。然而统计数据却表明，女司机造成重大事故的概率要远远低于男司机，肇事事故死亡人数是男司机的 1/50。

一旦给某类人和事物贴上一个标签，人们对这类人和事物就会形成一种固定的印象，当现实中发生同这类人和事物相关的现象时，人们就会把这个标签作为一种标准来进行分析、判断。医院一旦发生医患纠纷，人们就会想到是"无良医生"所造成的。一旦女司机发生交通事故，就有人说女性不适合开车。

在社会生活中，"贴标签"是人们的一种心理习惯，在一定程度上可以帮助人们对事物进行划分归类，便于识别、区分不同的对象，从这个意义上讲，它是有一定认知价值的。但如果"标签泛滥"，人们容易"以偏概全"，用绝对化、极端化的态度和情绪看待复杂的社会现象，不分青红皂白，非此即彼，并产生混淆是非、颠倒黑白的情况，从而可能导致极端化的非理性行为。

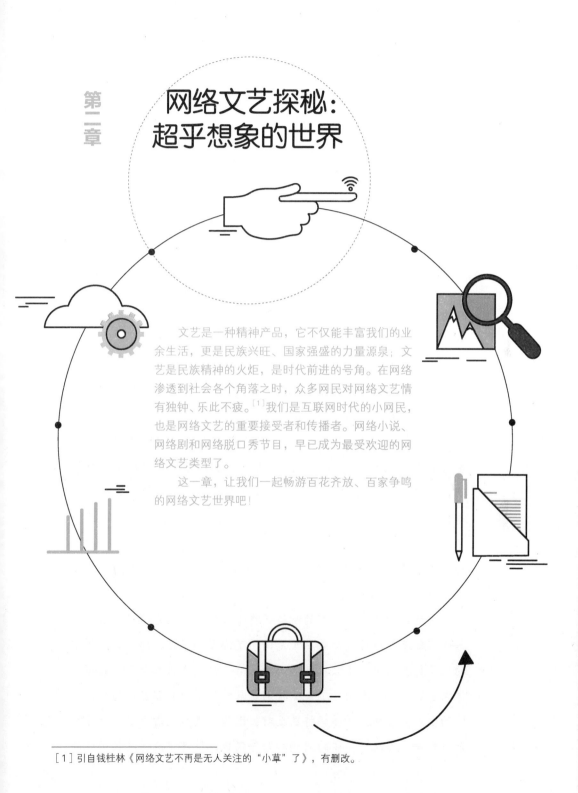

网络文艺探秘：
超乎想象的世界

第二章

文艺是一种精神产品，它不仅能丰富我们的业余生活，更是民族兴旺、国家强盛的力量源泉；文艺是民族精神的火炬，是时代前进的号角。在网络渗透到社会各个角落之时，众多网民对网络文艺情有独钟、乐此不疲。[1]我们是互联网时代的小网民，也是网络文艺的重要接受者和传播者。网络小说、网络剧和网络脱口秀节目，早已成为最受欢迎的网络文艺类型了。

这一章，让我们一起畅游百花齐放、百家争鸣的网络文艺世界吧！

[1] 引自钱桂林《网络文艺不再是无人关注的"小草"了》，有删改。

▶ **第一节　电子阅读时代的超多选择**

　　美美今年读六年级，美美的妈妈最近非常焦虑，虽然别人玩的时候美美都在看书，班主任也表扬美美喜欢看课外书，但近期成绩有所下滑。

　　美美的妈妈发现，女儿平时语数外基本都可以保持在90分以上，最近几次测试却只考了80分，并且成绩还有下滑的趋势。

　　这天，美美妈妈终于发现了原因。

　　妈妈在回家的时候，发现美美的房门没关，便过去看了一眼。美美并没有在专心地写作业，反而拿着手机笑得不亦乐乎。妈妈悄悄地站在了她的身后，看到她不停地滑动手机，聚精会神地看着什么，连妈妈进来了也没注意到。妈妈没有说话，慢慢地退出了房门。之后，妈妈特意观察美美的作息时间，发现她只要一有空，总是看着手机，还不时发出笑声。妈妈旁敲侧击，终于问出美美是在看一本网络小说。

　　更糟糕的是，美美有的时候还将早餐钱攒起来充值看小说，妈妈也不知道如何劝说美美。于是询问了隔壁邻居洋洋的妈妈，她们的孩子都在同一个年级。洋洋妈听完后，说起了自己孩子的故事。洋洋也非常喜欢看网络小说，特别是那种男主角和朋友一起打怪升级的小说。最初，洋洋妈特别反对，因为洋洋熬夜看小说，上课总是打瞌睡。为此，洋洋的妈妈和爸爸狠狠地批评了他并没收了他的手机。但洋洋依旧如故，甚至借朋友的手机继续看小说。

洋洋妈告诉美美的妈妈，如果小孩子控制不住自己看网络小说的欲望，最好的方式就是家长学会和他沟通与共享。当他觉得和父母之间可以相互理解时，他才能够听得进父母的话。回家后美美妈妈和美美谈了一次话，了解了美美喜欢看的网络小说，并严格要求美美一定要在完成所有学习任务后才能看，并且每天不能超过一个小时。现在美美依然在看网络小说，甚至与妈妈聊天时会讨论小说中的一些情节。但美美不再偷偷躲着看网络小说了，她已经学会控制时间并且和妈妈分享她正在看的小说，多数时候她还会听取妈妈的一些看法。

喜欢网络小说的可不止美美一个，目前我国看过或者正在看网络小说的人群非常庞大。那么我们身边的朋友们喜欢看网络小说吗？我们中间哪些人是其中之一呢？

●什么是网络小说？

网络小说，是作者通过网络发表供他人阅读的小说，是网络文学最大的组成部分。其特点为风格自由，文体不限，发表和阅读方式较为简单，题裁以玄幻和言情居多。广义的网络小说是指网络上发布和流传的所有小说；而狭义的网络小说则是指由网络写手创作，首次在网上发布，进而广泛流传的小说。

●网络小说的读者为什么那么多？

自从第一部网络小说诞生以来，网络小说的发展已经有 20 多个年头了。这 20 多年中，网络小说的内容越来越丰富，读者群越来越大，甚至现在有很多外国网友也痴迷于中国的网络小说。那么为什么喜欢看网络小说的人越来越多呢？这就要从网络小说的特点说起。

文字质朴，情节曲折。我国经典的传统小说，言简意赅，精雕细琢，有时可以通过一个字涵盖多个意思。但网络小说不同，它的字数较多，充斥着很多简单的对话和介绍，使得所有读者都能理解小说的时代背景、人物的心理活动和行为，使读者更有代入感。而且网络小说的剧情跌宕起伏，出其不意，虽然与经典名著相比，会存在很多逻辑问题，但是日常阅读却轻松自在，不会"烧脑"，适合放松时阅读。

内容丰富，角色多变。无论是上班还是上学，现在的年轻人总是被单调无聊的生活所包围，而网络小说的人物背景异彩缤纷，有古代、有现代、有未来，有星际、有架空、有穿越，有魔法时代、有世界末日，这为我们"两点一线"的生活注入了强心剂，让我们拿着手机不再空虚无聊。而网络小说中的角色更加具有代入感，虽然它们与我们生活在不同的背景下，但是作者诠释的角色贴近我们的日常生活，很多男女主角做了我们想做，却很难完成的事情。

创作简单，发表方便。在过去，想成为一名写手，出版一本图书，是非常困难的。但是在网络时代，无论是谁，只要我们有创作的精神，就可以在各类小说论坛发布自己的作品。一旦作品受到读者或是编辑的好评，他们会分享、宣传，吸引更多读者注意。网络作家写小说时，也不必抓耳挠腮，反复修改，只需定量发布便可。较低的准入门槛和方便的发布方式，使网络小说数量呈几何式增长，随之读者的数量也越来越多。

●玄幻和言情，你最爱哪一款？

"玄幻小说"一词最初由香港作家黄易提出。1988 年，黄易在出版的小说《月魔》的序言中写道："一个集玄学、科学和文学于一身的崭新的品种宣告诞生了，这个小说品种我们称之为玄幻小说。"

但是，当今流行的玄幻小说与黄易的说法相去甚远。二十一世纪，互联网用日本动漫、网络游戏和魔幻电影为我们打开了一扇新的大门。受各式各样的虚拟世界的影响，玄幻小说和专门刊载玄幻小说的网站诞生了。

现在的玄幻小说是指那些超出常规，匪夷所思，又不同于真实世界的"架空世界"。简单点说，现在的玄幻小说就是天马行空，倾其所能满足大家幻想的小说。

而与热血奋斗的玄幻小说不同，所谓言情小说，就是讲述男女间爱情故事的小说。在古代，言情小说又被称为才子佳人小说。情和爱是人类永恒的话题。在互联网时代，网络言情小说更是遍地开花，甚至被改编为电视剧和电影。

最初的网络言情小说连载在BBS（电子布告栏系统，网络论坛的前身）上，蔡志恒因《第一次亲密接触》被看作网络言情小说的鼻祖。随着网络文学不断发展，言情小说逐步脱离最开始的"网恋"模式，成为一种创作、阅读的媒介。

很多原创文学网的诞生壮大了网络写手这一群体。此时，"青春风"盛行，网络言情转为青春言情或校园言情，《会有天使替我爱你》《左耳》等校园爱情故事广为流传。随着网络规模扩大，言情小说的种类越来越多。其中，穿越、重生、架空、后宫、职场类小说深受读者的喜爱。近年来大红大火的电视剧，如《甄嬛传》《匆匆那年》《步步惊心》《翻译官》等，都是改编自网络小说。

除了这两大类型，网络上还有惊悚小说、同人小说等读者圈较小的网络小说形式。年轻人追逐个性、热爱具有创意的作品，因而在玄幻小说和言情小说之下，还有更为精细准确的划分，以期所有人都能够接受和喜爱。

第二章 网络文艺探秘：超乎想象的世界

●网络小说里的世界并不那么完美

无论网络小说多么精彩，我们都必须将网络小说和现实世界区分清楚。如果我们正在看玄幻小说，那我们一定要了解并正视玄幻小说中的贪婪、狭隘和暴力。

关于贪婪。在玄幻小说中，主人公都拥有主角光环，无论遭遇什么样的风险和危机，都能够化险为夷。有人戏称"主人公"三个字就像一块免死金牌。其实臆想这种完美的人生，诠释了人性的贪婪。

在现实生活中，我们仍遵循着等价交换原则，我们所得到的和失去的，往往同样重要。我们想到一所名校聆听名师的教诲，那么我们必须拥有较为出众的成绩和能力，而这些都来源于我们日常生活中点点滴滴的积累，以及专心致志的学习；如果我们想成为一个令人敬佩的人，我们必须有让他人肯定的品质，而这些来源于生活对我们的磨炼和我们对人生的思考，来源于对未来的畅想和对现实的执行。我们不能幻想像玄幻小说中的主角一样，一路顺风顺水还有贵人相助，现实中一切的成功都得靠我们自己的努力和坚持。

关于狭隘。在玄幻小说中，我们很少会看到"以德报怨"的精神，反而总是提及"对我不好的人，我必十倍百倍报复"，甚至有些主人公的精神支柱就是复仇。

在现实生活中，也许我们会遇到被同学嘲笑、欺负的时候，毕竟我们不会被每一个人所喜欢，我们也不能要求每个人都喜欢自己。但是，如果被欺负的时候我们处理不当，选择肆意报复，可能会产生可怕的后果。

关于暴力。如果说贪婪和狭隘还有现实为依据，那么玄幻小说中令人发指的残忍情节，则需要我们警惕。玄幻小说对于打斗场面的描写大多比较血腥，一挥手便杀掉一片人，毁灭一个星球，仿佛生命在他们的眼中就如蝼蚁一般。也许我们在看小说时只感受到主角威风八面、热血沸腾，却没有发现他毫无怜悯同情之心。

● 可以喜爱，切不可沉迷

阅读网络小说是很常见的事，它通俗易懂的文字、简单流畅的剧情、千变万化的时代背景深深吸引着我们，但是网络小说在发展过程中仍然存在着很多问题。

我们在阅读网络小说时，都会沉浸在小说的世界当中，无论是伤心难过，还是压抑郁闷，都会随着主人公的一举一动逐渐淡忘自己在现实中的感受，甚至会幻想成为小说中的一员，毫无顾忌地完成自己的想法。

网络写手门槛极低，网络小说内容参差不齐，在很多小说中，享乐主义、拜金主义、暴力、极端主义泛滥，严重影响着我们的价值观和对真善美的追求。我们在沉迷网络小说时，很容易沉迷剧情难以自拔，这不仅影响我们的学习精力，长时间注视电子屏幕也会对我们的视力造成损害。

虽然网络小说存在不少问题，但是它也有积极影响。阅读网络小说能够扩大我们的知识储备，在遇到与小说中相同的情节或事物时，会心一笑，发现日常生活中从未注意的美好。比如看过"末日"小说，我们会珍惜和保护现在的生活；看过校园小说，希望留下绚丽的青春；看过玄幻小说，希望像那主人公一样，在任何挑战面前永不言败。

趣味 小链接

通过阅读上文，我们已经对网络小说有一个大致的了解了。其实很多同学早已成了痴迷小说的"小说控"。那么，如何恢复正常作息，克服网络小说上瘾的难题呢？大家可以试一试下面的办法。

第二章 网络文艺探秘：超乎想象的世界

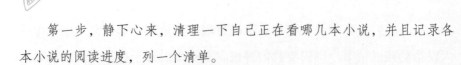

第一步，静下心来，清理一下自己正在看哪几本小说，并且记录各本小说的阅读进度，列一个清单。

第二步，想一想自己还想看哪几本小说，列一个清单。

第三步，把两个清单对比一下，如果是同一类型或同一作者，那么把想看的那本小说划掉。如果我们不忍心，可以大致浏览一下小说的写作风格和内容，划掉那些就算换个名字，仍是"套路"剧情的小说。

第四步，如果我们还剩几本想看但还没有看的小说，我们可以看看简介、前三章和最后一章，接着再看看目录。如此一来，我们对故事有一个基本的了解，可能就不想看了。如果这本小说在更新，但更新频率太低，意味着极有可能"烂尾"（指事物或事件中途夭折或草草收尾），可直接放弃；如果更新很快，可等小说全部写完，再按照以上的方式选择，说不定我们就不会想看了呢！

第五步，经过上面几步，我们还剩下几本小说呢？这时候，我们就要发挥意志力，不再看新的小说，慢慢地，接触的小说越来越少，我们越来越能克服控制不住看小说的毛病。

对玄幻小说的沉迷主要源自精神世界的空虚和对自己的不自信，如果我们对身边的许多事物都感兴趣，我们对自己做所的事情充满信心，那么我们不会再羡慕小说中的那个他（她），而会欣赏脚踏实地的自己。

▶ 第二节　脑洞大开：总有你喜欢的故事

听我讲故事

"《白夜追凶》今天又要更新啦！我要马上回去追更。"小艾欢快地说，"我要开着弹幕看，网友发的弹幕都好有意思，他们是怎么想出那些话的，有时候比看剧本身还有意思。"

"我怎么没听说过这部电视剧呀？它是讲什么的？很好看吗？"小翠疑惑道。

"超级棒！这部电视剧改编自网络小说《白夜追凶》，小说很经典，有很多原著粉，我都看过一遍呢！"小艾如实回答。

"网剧啊，我觉得网剧剧情都很雷人啊！我还是喜欢由经典小说改编的电视剧作品。"小翠道。

小艾解释说："其实有的网剧还是很不错的！从剧情到演员的演技都不比传统电视剧差，比如《他来了，请闭眼》《无证之罪》等都大受好评。"

小翠羡慕地问："真的吗？网剧有精品？你还可以追网剧？我都没怎么看过网剧。你爸爸妈妈不反对吗？"

小艾一脸骄傲："嘿嘿，我和妈妈达成了约定哟！我有时还会和我妈妈一起看网剧，如果我有想看的网剧，

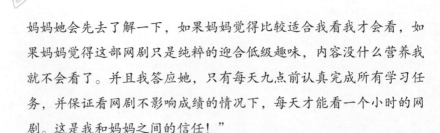

妈妈她会先去了解一下，如果妈妈觉得比较适合我看我才会看，如果妈妈觉得这部网剧只是纯粹的迎合低级趣味，内容没什么营养我就不会看了。并且我答应她，只有每天九点前认真完成所有学习任务，并保证看网剧不影响成绩的情况下，每天才能看一个小时的网剧。这是我和妈妈之间的信任！"

小翠十分兴奋："这个主意不错，我想只要不妨碍学习，我妈妈也会允许吧，这就找她商量去！"说着，小翠快速地拿起书包回家了。

上面的对话，是不是觉得很熟悉呢？只要打开视频软件，各种类型的网剧就会映入眼帘。对网剧还不太了解的同学们，接下来我们就来一起聊聊网剧吧！

● 什么是网络电视剧

广义上的网络电视剧是能在网络上传播的电视台播放过的或与电视台同时播放的电视剧；狭义上只指专门为网络（互联网、手机）制作，通过网络传播的网络单本剧或连续剧。[1]

● 茁壮成长的网络电视剧

2000年，长春邮电学院（现吉林大学）五名大学生制作的《原色》，被认为是中国第一部网络制作的电视剧，该剧讲述了两名高中同班同学在网络上成为知己的故事。2005年，恶搞短片《一个馒头引发的血案》迅速蹿红网络，甚至比原版电影《无极》获得了更多的关注。制作粗糙、故事简单，由视频爱好者自发完成，是网剧的第一阶段。

2008年，山寨版网络剧《红楼梦》红遍网络。虽然该片制作粗糙、道具简单，甚至在背景中还有家人打麻将的镜头，但一家人其乐融融演

---

[1] 王志荣.中国网络剧发展成因与特性探析［J］.兰州交通大学学报，2013，32（2）：120-122.

红楼的行为，非但没有亵渎名著之感，还强烈地诠释了文艺贴近大众的精神。其后，专业视频网站快速发展，掀起了一股"拍客"风潮。每个人都是生活的导演，是网剧发展第二阶段的核心观点。

为了争夺观众，减少成本，专业视频网站在发布电视剧的同时，开始打造网络自制剧，如《老男孩》《泡芙小姐》等。在初尝甜果后，专业视频网站开始携手电视台和专业拍摄团队，从小成本电视剧逐步转战制作精良、投资巨大的精品电视剧，同时为了获得更多受众支持，他们拍摄了许多由经典网络小说改编的电视剧，由视频网站、电视台同时播放，如《花千骨》《微微一笑很倾城》等，点击量突破上千万。至此，以网络 IP 剧为主的格局构成了网剧第三阶段。[1]

●为什么网剧播放量能上亿?

网剧播放量上亿，是指一部网剧从开始播放到播放结束后，观众点击观看它的次数有上亿次。一部 60 集的电视剧，如果一个人点击 70 次左右，那么你想想有几千万人在同时观看这部电视剧，其点击量该有多高呀。为什么网剧这么受大家欢迎呢?

方便快捷。与传统的在家中看电视不同，看网剧，我们既不需要定时定点收看，也不需要坐等广告播完，无论在公交车上、在草坪上、在家里……只要我们想看，随时可以打开手机观看。这为大部分观众提供了极其便利的收看条件。

制作精良。播放量能够突破上亿次的网剧，无论演员、道具还是剧情，都会有较为出彩的地方。2015 年播放的《琅琊榜》，由于画面精美、角色丰满、剧情跌宕起伏，至今仍被奉为网剧经典，甚至远播海外。

针对性强。电视台播放的电视剧，常常需要迎合多个类型的受众，但是网剧则通过前期市场调查，专门打造针对青年群体市场的电视剧。网民喜欢什么，他们就拍摄什么。有针对年轻男性喜好的网剧，有针对年轻女性喜好的网剧，有针对都市白领喜好的网剧，有针对学生喜好的网剧。无论网民有什么喜好，都会有适宜他们观看的网剧推出，因而网

[1] 王志荣.中国网络剧发展成因与特性探析［J］.兰州交通大学学报，2013，32(2)：120-122.

剧市场愈加繁荣。

● 我们可以做"网剧迷"吗？

网剧类型多样、题材丰富，而且有很多潮流元素，如平凡人逆袭、完美爱情、实现梦想等，为我们提供了想象空间，缓解了日常生活中的单调无聊，同时也增加了和朋友聊天时的话题。

但是，我国的网剧才刚由野蛮生长期步入正轨，目前仍然有很多网剧过度迎合观众，低俗化严重，甚至出现很多渲染迷信、剧情媚俗、突出色情暴力的情况，这对我们的成长非常不利，因而现在的一些网剧还存在着"娱乐有余"而"内涵不足"的问题。

一起谈谈心

● 网剧的正确打开方式

如今，网剧已经成为许多年轻人日常生活中不可或缺的一部分。如果哪部网剧风靡一时，而我们没有看过，就会觉得自己已经"out"了。然而网剧不过是我们日常娱乐的一部分内容，和看小说、追动漫、听音乐没有任何区别。所以无论我们的朋友谈得如何热火朝天，我们一定要掌握打开网剧的正确方式！

控制时间，爱护身体。作为青少年的我们，有时总是难以严格地控制自己娱乐的时间，为此我们需要积极克服，而不是顺其自然。我们可以查阅资料，学会如何控制时间和管理时间。也可以向父母请教，表达我们对网剧的喜爱和难以自拔的困惑，相信我们的父母也能给出意见，协助我们学会专注和自律。

合理判断，不要盲目跟风。有些人是这样看剧的，今天这部剧朋友们谈论得多，就看这部剧；明天那部剧受到网友的推崇，就看那部剧。看来看去，也不知道自己喜欢什么，总觉得只要看了最热门的网剧，在朋友中就最有发言权。甚至有些同学对某部网剧并不是很感兴趣，也非要看下去，既花费了时间，也没有享受到看网剧的乐趣。我们要找到自己的兴趣，因为兴趣是最好的老师。如果我们喜欢看历史玄幻剧，那么我们可能对中国的传统文化感兴趣；如果我们喜欢看都市时尚剧，那么我们可能对"美"非常敏感，对时尚搭配有兴趣；如果我们喜欢悬疑剧，那么我们可能有很强的逻辑推理能力，说不定还能成为一个侦探小说家。所以爱我们所爱，并学以致用。

学会选择符合"三观"的电视剧。"三观"一般指我们的人生观、价值观和世界观，比如孝顺父母、尊敬老师，和朋友团结互助，自己要自立自强，等等。由于网剧的观众结构复杂，制片方为求利益，手段花样百出，因此很多网剧充斥着低俗和暴力内容，这些网剧并不适合我们观看。

尽管现在的网络剧需要我们擦亮眼睛去筛选和判断，但我们相信在不久的将来网剧会弘扬更多的真善美，会展现有筋骨、有道德、有温度的文化，会逐渐符合更广泛群体的审美要求，会成为我们学习生活的好伙伴。[1]

趣味
小链接

好戏连台，经典网剧推荐：

《琅琊榜》

十二年前七万赤焰军被奸人所害导致全军覆没，冤死梅岭，只剩少帅林殊侥幸生还。十二年后林殊改头换面化身"麒麟才子"梅长苏，建立江左盟，以"琅琊榜"第一才子的身份重返帝都。梅长苏背负血海深仇，暗中帮助昔日挚友靖王周旋于太子与誉王的斗争之中。梅长苏以病弱之躯为平反冤案、为振兴河山，踏上了一条惊心动魄的洗雪冤屈之路。

《致我们单纯的小美好》

这部剧主要讲述了陈小希与江辰19年间共同成长，从青梅竹马到错失后的再次牵手的爱情故事。腹黑傲娇的天才医生，蠢萌有趣的元气少女，

---

[1] 引自张启莹，邵欣悦《网络剧：要"悦目"，更要"赏心"》，有删改。

全剧气质俏皮幽默，通过展现陈小希倒追江辰一路上啼笑皆非的日常，记录了青春时光里最美好的心动时刻，将专属 17 岁少男少女之间的青涩感情呈现了出来。

《那年花开月正圆》

故事从周莹被养父贱卖开始，后因机缘巧合其被吴家东院大少爷吴聘救助，由于周莹颇具商业头脑被吴家赏识，获许留在吴家，并最终嫁入了吴家。在丈夫身亡后，周莹决定要重振吴家东院。她入股陕西织布局，建立泾阳布厂。庚子国难，周莹用自己的方式担起了吴家大业的重振之风，又引领了动荡时局的改革之路。

——摘自豆瓣影评

网剧也有不少精品，学习之余也为我们带来了一些欢笑。但是我们一定要掌握好时间，擦亮眼睛抵制低俗网剧。如果发现好看的网剧记得和身边的朋友分享哟！

第三节　笑侃天下事：换个角度看热点

最近有一档很流行的综艺节目，叫作《吐槽大会》。

节目以"吐槽是门手艺，笑对需要勇气"为口号，邀嘉宾轮流以说段子的方式来互相调侃，而节目中"优雅地吐槽"，成为一种别致的交流方式。

比如第一期嘉宾李湘，在如今女艺人都恨不能再瘦一点的时代，她却一直胖得很自信。而面对网络上质疑她"全家胖"的言论更是予以了回击："你艾特（@）我，我就能瘦吗？"李湘以自己强大的自信心告诉那些同样遭受着网络暴力的人"没有什么过不去的坎儿"，同时也谴责了那些网络暴力的制造者。

比如一直被当作经典表情包的"尔康"（周杰），他对网络上恶搞自己形象的人掷地有声地说："无论你遭受了多少责难，你都别忍，你忍了，他们也不会放过你。"

再比如，著名演员唐国强对娱乐圈后辈的规劝，面对"烂片"迭出的娱乐圈，唐国强说："现在片酬越来越高，好作品越来越少，想一想：一部戏百分之五六十的钱都让主演拿走了，那配戏的呢？

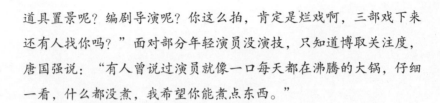

道具置景呢？编剧导演呢？你这么拍，肯定是烂戏啊，三部戏下来还有人找你吗？"面对部分年轻演员没演技，只知道博取关注度，唐国强说："有人曾说过演员就像一口每天都在沸腾的大锅，仔细一看，什么都没煮，我希望你能煮点东西。"

很多网民看节目时，捧腹大笑，看完节目后，却又沉思良久。这又是为什么呢？这就是网络脱口秀的魅力。

●什么是网络脱口秀

网络脱口秀是指通过网络播放的脱口秀节目（现在电视台和网络基本达到同步收看），它们以主持人和嘉宾惊艳、幽默、充满吐槽和知识性的语言及表演赢得大家的欢迎。

脱口秀，是由英文"talk show"翻译过来的。最初流行于20世纪80年代的美国，并逐步成为一种时尚。当时的主持人通过文化修养和社会责任感，真诚地表达节目的宗旨，挖掘出人们心中存在却无法表达出的心声，他们的脱口秀很随意，让人放松，因为他们连美国总统都拿来作为调侃的对象。至今，脱口秀仍旧是美国最受欢迎的节目形式之一。

由于中国人较为内敛，不善于畅快表达自己内心的声音，因此中国脱口秀节目起步较晚，最初的节目形式也很单调、拘谨。但是随着经济发展，互联网日益繁荣，喜欢发声、包容性强的年轻人越来越多，网络脱口秀节目也日益丰富起来，有传播文化知识的《晓说》《罗辑思维》，有挖掘社会热点的《老梁观世界》《天天向上》，有善于搞怪、引人发笑的《暴走大事件》《吐槽大会》，还有专门针对青少年观众的《开讲啦》《放学别走》。中国的语言文化博大精深，中国目前的网络脱口秀节目也种类繁盛。

●是什么成就了网络脱口秀？

满足好奇心。与其他节目相比，作为语言类节目，网络脱口秀可以用短短几句话，概括出精辟的道理、曲折的人生、广阔的天地。我们通过看脱口秀，能了解到我们日常接触不到的新鲜的人和事物，以及新颖的观点和理论。比如观看《罗辑思维》，我们可以品读各式各样的图书和人生百态；观看《奇葩说》，

我们习以为常的价值观念能够得到新的诠释。收看网络脱口秀，能够极大地满足我们的好奇心和求知欲。

挖掘生活细节。很多网络脱口秀会以大量社会故事为案例，进行解读和说明，而这些故事就发生在我们的现实生活中。这些脱口秀也会讲述观众心里的故事，将我们模糊的想法凝结为精辟的语言。比如非常受网民欢迎的网络红人"papi酱"，就会以日常小事为主题，如"没有钱怎么追星""南北差异如何划分"等，充分发挥自己的归纳总结和搞笑能力，让我们透过节目体会到日常生活中不一样的欢乐。

魅力感染人心。对于网络脱口秀节目而言，主持人的魅力是节目的精华，一个能言会道、外向幽默、谈吐得体、思路清晰的主持人能够成为节目的定海神针，也是吸引观众一季又一季追下去的重要原因。比如《吐槽大会》里耿直能言的张绍刚，《奇葩说》中憨厚犀利的马东，《罗辑思维》中激情昂扬的"罗胖子"（罗振宇），《火星情报局》中冷静稳重的汪涵。正是这些极具个人魅力的主持人把控全场，我们在观看网络脱口秀时，既能够捧腹大笑，也能够冷静沉思。

●网络脱口秀也需要原则和底线

网络脱口秀的创意，为我们的生活增添了不少乐趣，不同的主题涵盖了生活的多个方面，为我们提供了鲜活有趣的视角，同时增强了我们

的思辨能力，让我们通过语言的力量不断地成长。

但是由于网络环境鱼龙混杂，仍然会存在很多劣质的脱口秀节目，这些节目倡导着不利于社会和谐的价值观念，比如仇富、歧视女性、利益至上、暴戾情绪等，为了迎合某些"三观不正"的观众，将恶意的伤害称为善意的吐槽，颠倒黑白、是非不分。因此在收看网络脱口秀时，我们一定要到大型视频网站中选择排名靠前、点击率较高或口碑较好的脱口秀节目。

● 网络脱口秀的正确打开方式

网络脱口秀为我们的生活带来了无限的乐趣，在"一板一眼"的学校学习之后，轻松地了解不一样的人物、观点，也能够丰富知识、开阔眼界。但是，在观看网络脱口秀的时候，我们既不能盲目跟风，也不能只看不思考，更不能被有些看似犀利但毫无道理的语言"洗脑"。我们可以在观看脱口秀时，独立思考，形成自己的观点，在观看的过程中成长和历练。

不要将脱口秀中的观点奉为"圣经"。在观看脱口秀节目时，我们会听到很多与我们父母、老师不相同的教育观点。比如在《奇葩说》中出现了"做人到底该不该省钱？""'我这是为你好'是不是扯？"等辩论题目，这些辩手的言论和我们在生活中听到的完全不同，那么我们该相信哪一方呢？每个人的接受方式、所受教育、生活及经历都不同，所以想法各有不同。我们要学会尊重别人的观点，反思自己的想法，但不能人云亦云，被网络脱口秀中的所有观点牵着鼻子走。

当个小老师，与父母共享。网络脱口秀中的很多内容来源于年轻人，深受年轻人的推崇，但却不被长辈接受和理解。是不是有时候，我们的很多行动也不被父母理解和认可呢？他们会说我们调皮、

出格、过分。如果我们可以邀请父母一起看网络脱口秀，然后给父母当小讲解，让父母知道现在的年轻人能干什么，喜欢干什么。这样一来，一家人坐在一起看节目，不仅可以培养更多默契，享受美好的家庭时光，还能够让他们了解我们的所思所想，让我们的家庭更加和谐美满！

● 尝试着吐一次槽

在网络脱口秀中，吐槽被看作一种风格和态度。它可以是搞笑、讽刺，也可以是逗乐，还可以是自黑、自嘲。在网络脱口秀中，吐槽是一种最常见的表达方式。人们在吐槽时，通常会有一个"槽点"。所谓槽点，就是你吐槽的关键点。比如我们有时不满意妈妈做饭时总是放很多盐，就会和爸爸吐槽说："盐是不是最近不要钱。""盐放多了"就是槽点。在生活中，我们不时会遇到不开心的事情，憋在心里难受，但骂出声来又不礼貌，如果我们像网络脱口秀一样，学会"优雅地吐槽"，完全可以在不伤害别人的情况下，表达自己的不满。

优雅地吐槽，是我们用优美或朴实的语句对事物做出评价。在"吐槽"时，我们能够表达我们想"拆台"的态度，但语句中不会夹杂着低俗、暴力的词汇。

不要出现侮辱性的词汇。很多网友在微博留言吐槽时，总会说些侮辱性词语，这些会伤及别人自尊，而且会让其他人觉得我们没有礼貌，逐渐远离我们。

试着在吐槽时加些成语或常识吧。这种方式，会让我们的"吐槽"与更多人产生共鸣。比如面对寒假作业时：

感觉我计划五天做完寒假作业就和当年德军妄图在十天之内攻占莫斯科一样。

我本来以为我会有一场轰轰烈烈的复习，现在连做完作业都是个问题。

（表示过于高估了自己，无法实现既定目标。）

"吐槽"无须太多，适度即可。真正冷静沉着、乐于生活、喜欢进步的人是不会只一味吐槽发泄的，他们对待问题的态度是：发现问题，了解问题，想办法解决问题，在无声中做到最好。而总喜欢对身边朋友吐槽的人，有时仅仅是在抱怨问题，而不想办法解决问题。比如刚才吐槽寒假作业的同学，想要优雅地"吐槽"，最好的方式是将寒假作业完成。

有趣的网络脱口秀节目很多，下面就为大家简单推荐几个。如果你有更好的也可以推荐给身边的朋友哟！

《放学别走》——是由撒贝宁主持，针对青少年，特别是"00后"群体观点表达的全国首档青春期脱口秀。节目将主角定位在12～16岁的中学生身上，每期节目有2~3名中学生作为"大人物"依次上场表达态度，7位智囊团成员为"大人物"支招，"大人物"吸取大家的意见，最终制订出一条他们认为能让世界变好的规则。

《吐槽大会》——是一档喜剧类脱口秀，每一集邀请一位阅历丰富、"三观"正的名人作为"被吐槽"的主嘉宾，由这位名人邀请一群自己的圈中好友跨界表演，挑战吐槽式喜剧脱口秀。该节目本质是一场以脱口秀为表演形式的大型喜剧演出，通过嘉宾间的相互调侃，在嬉笑怒骂、哈哈大笑中传递正确的"三观"。

《晓说》——是高晓松主持的网络脱口秀节目。每期由主持人谈论一个热门话题，打造视频化的"高晓松专栏文章"。

《一千零一夜出走季》——以梁文道的视野及关怀，体察一本书的多个面向，致力于为广大网友读者提供一份有深度、个性化的精神食粮。作为一档读书节目，从日到夜，行走不一样的"街头"，邀你共读中西方经典书籍。

——摘自豆瓣评论

网络脱口秀节目总能给我们以新奇的观点、独到的视角去看问题，这对我们培养自己的思辨能力很有帮助。但看网络脱口秀节目的重点除了看还有想，我们要学会自己独立思考问题，学会质疑，学会思辨。希望我们在看完网络脱口秀后收获的不仅仅是简单的一场欢笑。

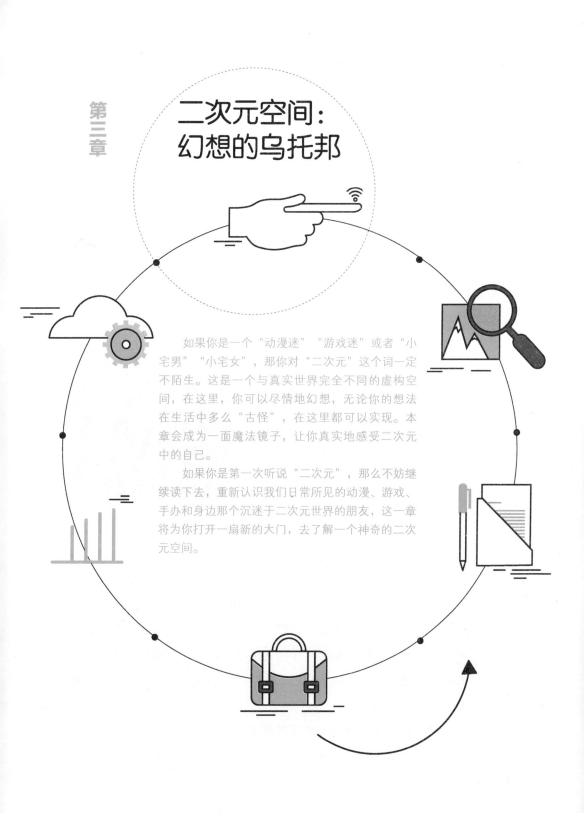

第三章

二次元空间：
幻想的乌托邦

　　如果你是一个"动漫迷""游戏迷"或者"小宅男""小宅女"，那你对"二次元"这个词一定不陌生。这是一个与真实世界完全不同的虚构空间，在这里，你可以尽情地幻想，无论你的想法在生活中多么"古怪"，在这里都可以实现。本章会成为一面魔法镜子，让你真实地感受二次元中的自己。

　　如果你是第一次听说"二次元"，那么不妨继续读下去，重新认识我们日常所见的动漫、游戏、手办和身边那个沉迷于二次元世界的朋友，这一章将为你打开一扇新的大门，去了解一个神奇的二次元空间。

▶ 第一节 动漫爱好者养成记

有年暑假，电视台引进了日本动画片《网球王子》，该片讲述了几所中学的学生参加网球比赛的故事。动画中，个子不高、爆发力惊人、嚣张且我行我素的主人公越前龙马，让众多的男女学生为之倾倒。为了能够更早看到最新一集，他们开始在网上看动漫，进而发现原来网络上有那么多有意思的动漫作品。

虽然这些动漫人物都是虚构的，但很多同学乐于让这些虚幻充满自己的现实生活。

《网球王子》中虚构的人物因为违背现实常理的高超球技和古怪性格显得魅力四射。"越前很帅，超酷！"六年级的雨朵说，"有一次，他不小心被拍子击中左眼，也没有放弃，简单处理伤口后站起来继续比赛。那一刻太燃了，充满了男人味。"雨朵和很多同学已经成为越前龙马的粉丝，还组建了一个"龙马QQ群"，分享与《网球王子》相关的一切。

雨朵的同桌高阳也喜欢《网球王子》，他还喜欢最新的国产动漫和其他日本动漫。他和雨朵成为同桌后，课间时常聊《网球王子》

的剧情，有时高阳还会给雨朵推荐其他好看的动漫，两人因为动漫这个话题成了无话不谈的好朋友。

仔细回想一下，我们的童年有着各种动画片的陪伴。现在的我们还喜欢看动漫吗？在我们身边，有对动漫如痴如狂的同学吗？动漫为什么那么有魅力，能让一大批人从童年到成年都为之着迷？下面我们就一起聊聊动漫吧！

跟我聊聊吧

● 什么是动漫？

动漫，其实就是"动画"与"漫画"的合称。过去，动画和漫画是两种阅读形式，但是随着媒体不断发展，动画与漫画之间的联系和转换越来越紧密，因此，"动漫"一词的使用率逐渐提高，渐渐地，人们将所有动画、漫画作品统称为动漫。

值得一提的是，虽然目前很多动漫作品来源于日本，但日语中没有"动漫"这一说法。"动漫"一词是中国人所创，在国外相当少见，国外更常用的是"动画（anime）"及"漫画（comic/cartoon）"。

● 动漫在中国

发扬传统文化的 20 世纪七八十年代。在爸爸妈妈小的时候，中国动画片种类众多，艺术性强，还带动了日本动画片的早期发展。同时，这些动画片也是爸爸妈妈的青春回忆。那个年代的小朋友，虽然没有见过 3D 立体的动画人物，但却能够欣赏绘画生动、着色漂亮、收获全世界赞誉的《大闹天宫》《哪吒闹海》，突出中国水墨画特色的《小蝌蚪找妈妈》，故事简单而又寓意深刻的《没头脑和不高兴》《阿凡提的故事》《海尔兄弟》，发扬中国传统美德的《葫芦兄弟》《十二生肖》。这些动画片伴随着许多人的童年与青春，也已经成为好多人记忆中的经典。

当时，中国内地漫画多为讽刺漫画，还未成体系，而香港漫画业则

较为繁荣，他们深受欧美和日本漫画的影响，创造出了《风云》《老夫子》《麦兜》等现在仍深受好评的漫画作品。

群英荟萃的 90 年代。20 世纪 90 年代，各国动漫产业日新月异。优秀的作品层出不穷，并不断引入中国。20 世纪 90 年代初期，从美国引入的《变形金刚》《猫和老鼠》和迪士尼系列动画片，让当时的小朋友们大开眼界，其童真、幽默、风趣的演绎收获了许多中国观众的喜爱；而从日本引进的《铁臂阿童木》《聪明的一休》和《名侦探柯南》等，则将日本动漫包罗万象的故事、直接夸张的表现方式和个性鲜明的人物呈现给了中国儿童甚至青年观众。直至现在仍然有三四十岁的"柯南迷"。在 20 世纪 90 年代至 21 世纪初，互联网和个人电脑逐渐走入千家万户，发展成熟的日本动画迅速席卷了网络动画市场，我们可以通过国内字幕组的翻译，准确地了解和观看最新的日本动画和日本漫画，比如现在依然被人津津乐道的《EVA》、"高达系列"作品，就是当时通过互联网传到中国的。

在当时，日本"口袋本"漫画也逐步流入中国，这些构图巧妙、故事精彩、便于携带的漫画书，如《火影忍者》《魔卡少女樱》《犬夜叉》等，在同学间不断传阅，形成了中国最初的"漫迷""同人圈"，"口袋本"也是现在中国动画、漫画创作者的启蒙书。

蓬勃发展的 21 世纪。21 世纪初，我国的动漫市场基本被国外作品占据，这些国外动画人物为人处世的态度不断影响着青少年的成长。为了让大家能够更好地传承中国文化，中国动漫产业逐步繁荣振兴。从早期的《我为歌狂》、动画版《西游记》到现如今的《秦时明月》《熊出没》《那年那兔那些事》，国产动画又重新受到国人的喜爱。与此同时，我国也引进了很多优秀的国外动画作品，比如美国迪士尼、皮克斯，日本宫崎骏的动画电影以及寓教于乐的英国动画《小猪佩奇》等。

如今，漫画也逐渐流行起来。一方面，我国通过严格的筛选，采用正规途径引进海外漫画，如《名侦探柯南》《网球王子》等，选择适合我们欣赏的漫画作品，禁止不良漫画引入我国；另一方面，中国原创漫画家异军突起，创作了一大批耳熟能详的作品，如《乌龙院》《三毛流浪记》等，原创漫画也在网络中日益壮大，许多优秀的原创漫画家，吸引了我们的目光。

●动漫文化的发展

动漫之所以迅速发展，成为一种网络文化，甚至受到越来越多年轻朋友的欢迎，最主要的原因是因为动漫本身所具有的特点。动漫文化无论是从情节上还是画风上，都具有较强的可读性。现在的大多数动漫形象大体也都符合我们青少年追求新奇和唯美的特点，为广大青少年所接受和喜爱。

除了动漫本身，随着新媒体日新月异的发展，动漫从书本，到电视，再到网络，其传播范围日益扩大，也吸引了越来越多的受众和与其相关产业的参与者。在网上，无论是给各类软件换皮肤还是聊天时发表情包，动漫人物的身影随处可见。而动漫源于生活又超越生活的特征，也给动漫和其相关周边产品提供了生长壮大的土壤，小到玩具服饰，大到主题乐园，越来越多的动漫元素融入现实生活中，动漫正伴随着我们共同成长。那么，为什么我们会这么喜欢甚至是迷恋动漫作品呢？

●动漫是我们的魔法棒

动漫作品不仅满足了我们成长的心理需求，也为我们成长和发展提供了滋养的源泉。年轻的我们不仅体力充沛、精力旺盛、反应敏捷，而且善于模仿，易受外界影响，喜欢幻想，敢于尝试新鲜事物，热爱张扬个性。而动漫形象正好迎合了我们这种追求新奇和张扬自我的个性，能激起我们的好奇心和探索欲。

从目前来看，大多数动漫形象都是虚构的，是超脱现实而构想出来的形象。只要稍微接触动漫的人就知道，动漫里的人物都是集智慧、美貌于一身，既能文又能武，风趣幽默，古灵精怪，同时又充满孩子气。男主角大多英俊潇洒、无所不能，他们能做我们现实生活中不能做的事，说现实生活中不能说的话，个性叛逆、不拘一格，这就极大地满足了我们在现实生活中不能满足的愿望，从而能够达到身心的愉悦和放松。如一直比较流行的《哆啦A梦》就迎合了观众充满想象、打破常规的心理，兼具趣味性和创造性。

曾有人这样说："动漫是最轻松的消费方式，而且它充满想象力，展示了一种不同于传统教育的世界观、价值观。"由于动漫本身具有天马行空、轻松幽默的特点，表情达意极具亲和力，形象造型又极其可爱，能让人在轻松的氛围中领略抽象复杂的知识和道理。

在看动漫的时候，我们能够置身在一个自由的、倡导个性的二次元世界中，无论是多么任性，多么梦幻，在现实中看起来多么不可思议的事情都可以实现。这种充满幸运和巧合的情节，毫无保留地被认同感，都会让我们不由自主地爱上它，爱上那个平凡而神奇的世界。

●你是个"漫友"还是个"漫迷"？

从小看动画片长大的我们，现在还依旧喜欢吗？我们是会觉得看动漫幼稚呢，还是依旧会被神奇的故事情节所吸引？我们选择只成为一个普通的"漫友"，还是收藏无数动画、漫画作品，钟爱某一种动漫类型，甚至有自己最喜欢的漫画家，成为一个资深"漫迷"呢？其实，无论我们对动漫的态度如何，喜欢或迷恋动漫作品，甚至喜欢与动漫相关的小物品，都是非常正常的。只是，我们在喜欢的同时要知道我们为什么喜欢它，它是不是真的值得我们喜欢。

成为一个"漫友"是一件非常快乐的事情，我们不仅可以穿越到各种奇异的世界中，拥有一个无所不能的神奇偶像，还能和主人公的朋友一起感受坚持的力量，友情的快乐，受挫的悲伤以及挑战后的成长。同时，还可以和同学们一起聊天讨论，增进友谊。

如果我们已经成为一个"动漫迷"，那么也要注意掌握尺度。和普通"漫友"相比，我们也许会花更多的时间和金钱，"追番看剧"，购买一大堆动漫作品、周边，但我们不能整日沉迷于漫画书、动画片和网络动漫 App 中，因为时间和精力是有限的，我们不能因为对动漫的喜爱而耽误了学习。

无论我们是"漫友"还是"漫迷"，我们在看动漫的时候一定要注意，现在市面上，特别是网络上，有很多动漫并不是为我们准备的。那么在享受动漫带来的乐趣时我们还应该注意些什么呢？下面我们就来一起讨论一下！

在青春期，喜欢和追动漫，是再正常不过的了。我们每天的生活两点一线，上学和回家，甚至在周末时，都没有空出去玩耍，还要学习其他领域的知识。因而，动漫为我们打开了一扇新世界的大门，为我们的生活注入了靓丽的色彩，动漫角色的喜怒哀乐也牵动着我们的心。但是，我们发现，有时老师或者父母并不赞成我们看动漫，也不理解我们为什么对卡通形象这么专注和投入。其实，如果我们能够正确地看待动漫作品，

学会克制，那么，爸爸、妈妈和老师，也许不会紧闭我们探索二次元世界的大门。

●动漫的正确打开方式

学会选择适合自己阅读的动漫作品。网络上形形色色的动漫作品让人眼花缭乱，有的趣味横生、精彩纷呈，有的不堪入目、混乱不堪。适合我们阅读的作品，能够刺激我们追寻生活的美好，透过动漫世界发现现实空间不一样的真善美，而不适合我们阅读的作品则会把我们困在假恶丑中不可自拔，逃避生活甚至对真实社会充满敌意。因而，我们一定要学会选择适合自己阅读的动漫作品。如果我们还不会判断的话，尝试着和爸爸、妈妈聊聊吧，他们一定会给出不错的意见。

要理性购买。目前，网络上有很多动漫作品聚集地，但有的是要收费的。面对这些收费的观看渠道，如果我们的确喜欢，我们可以通过官方认证的收费渠道付费，支持原版，尊重作者的劳动成果，为作者加油助威。但我们在为喜欢的作品付费时，要掌握好限度。我们的零花钱都是父母辛勤工作所得，他们希望我们使用零花钱为自己补充正能量、提升自己，而不仅仅是沉迷于动漫。因此，我们要学会有效地规划我们的零花钱，让我们既能够欣赏自己喜欢的作品，又能为我们的健康成长增加正能量。

要学会时间管理，合理分配自己的时间。假设老师布置了很多家庭作业，但动漫还没看完，这时候的我们要怎么选择呢？有的同学可能会选择一鼓作气，把动漫看完后再去写作业，匆匆忙忙地赶到半夜十二点，也不知道自己究竟有没有正确地完成，只为应付；有的同学，在看动漫的时候有愧疚感，会一边写作业，一边不由自主地回想动漫的内容，没有将心思真正花在做作业上，最终的结果就是，作业写得不安心，动漫也看得不舒心。最好的办法是先果断关掉动漫，认认真真地写作业，然后用空闲的时间放松一下，悠闲地看一会儿动漫。一寸光阴一寸金，我们要学会珍惜有限的时间，把最重要的事情放在最前面。

要学会分享。好东西一起分享既是一种美德，也是网络时代的交往方式。如果我们有喜欢的动漫作品，可以尝试与朋友分享，因为有人和我们趣味相投是很幸福的一件事。我们可以和同学一起聊聊自己喜欢的动漫作品、动漫人物，聊聊喜欢它们的原因。互动和交流是理解作品的最好方式，也是交朋友的关键环节。我们也可以自己动手临摹几幅喜欢的漫画，分享到互联网上，结识更多志趣相投的朋友。

要劳逸结合，保护视力。思考一下，我们是否有这样的习惯：躺在床上看动漫，身子趴在课桌上看动漫，甚至走在路上看动漫，方便携带的手机更是我们看动漫最好的选择。但是如果使用不得当，我们的视力可能会受到影响。正确的看漫画的姿势是，不要躺着看，不要熄灯看，保持腰部颈部挺直，要经常多眨眨眼，最好每看 20 分钟休息 10 分钟。

多姿多彩的动漫作品让我们的生活趣味盎然，如果我们也想加入"漫友"大家庭，却不知道如何选适合自己的作品，就让小编给大家推荐几部吧。

《秦时明月》系列——讲述了秦始皇兼并六国、统一六国后，一个体内流淌着英雄之血的少年荆天明，最终成长为盖世英雄，凭一己之力改变历史进程的热血励志故事。

《我的师父姜子牙》——这是一个与现实平行的神奇世界。多年以前，这里曾被一个堕落的邪神统治，黑暗笼罩大地。姜子牙带着融汇自己全部智慧的"六韬"及钓竿儿来到了这个世界，一场旷世之战即将展开。

《那年那兔那些事儿》——漫画将中国近现代历史，特别是一些军事和外交的重大事件，通过戏说和风趣的方式，以动漫的形式表现出来。

《昨日青空》——这是一个发生在 20 世纪 90 年代末，一个平凡、宁静的南方小县城的故事。讲述了几位小城的高三学生，在巨大的学业压力间隙中萌芽的梦想、友谊和初恋，以及他们和大人世界的那道鸿沟。他们在幸福和痛苦中成长，同时蜕变、升华。

如果我们的一生是一段长途旅行，那么对动漫的喜爱就是路途中的一段迷人风景，能给我们留下美好回忆。但是我们也不能因为迷恋这一段风景而停止脚步，接下来还有更多绚烂的风光等着我们。

第二节 游戏里的"人生赢家"

小美的日记

5月8日 星期二 晴

这个月老师让我们写日记，而且老师每天会检查日记本。

今天早上上课，中午休息，下午继续上课，然后回家。

我最近在玩一款名叫"天龙八部"的网络游戏，虽然只玩了几天，但是我觉得好有意思，比上课要开心多了。

教师评语：喜欢玩游戏不是错误，老师不会阻止你。但是，如果因此耽误了学习，老师就会批评你。游戏里有什么好玩的发现吗？

5月9日 星期三 云不多不少

我在游戏里已经练到10级了，入了逍遥派，因为"逍遥"两个字不认识，查了字典我才知道读音。游戏里有种武功叫作"潇湘夜雨"，四个字我只认识两个。查了好久字典，才知道《红楼梦》中的林黛玉住在"潇湘馆"，可能这武功与林黛玉有关。

昨晚我一直在查字典，突然想起老师让我不要因为游戏耽误学习，如果不好好学习，可能游戏里的字都认不全。

教师评语：玩游戏也不忘学习，这就叫兴趣是最好的老师。

5月11—13日　星期五—星期日　都是晴天

　　我放在星期天才写日记，是想把这几天玩游戏的心得都写下来。

　　我的网友和我同年级，他最近被妈妈打了，因为他玩游戏的时间太长，成绩还下降了。还好我听了老师的话，在做完作业，征得妈妈同意后，才玩一个小时的游戏。有时候，爸爸也会指点我过关呢！

　　教师评语：能够发现朋友的问题，并及时警醒自己，非常棒！和父母一起分享游戏，不仅可以互相沟通，还可以更了解父母，看来爸爸很喜欢和你这样互动。

　　看到小美的日记，仔细回想一下，我们有没有发生过这样的故事呢？我们的身边，有没有特别喜欢玩网络游戏的朋友呢？只要拥有电子产品，网络游戏随处可见。如果我们已经被网络游戏所吸引，怎么才能愉快地玩耍呢？

跟我聊聊吧

●什么是电子游戏？

电子游戏又称视频游戏，是指所有依托于电子设备而运行的游戏。

电子游戏又可以分为单机游戏与网络游戏。

单机游戏是指玩家只需要一台电子设备就可以玩的游戏，而网络游戏则需要互联网支持，多个玩家可以一起参与。

目前市面上的单机游戏主要分为三种，第一种是PC（电脑）游戏，第二种是手机游戏，第三种是电玩（电视游戏机）。

PC游戏和手机游戏比较好理解，就是在会操作电脑和手机的基础上进行的游戏。目前，玩PC游戏和手机游戏的人数众多，特别是手机游戏，吸引了从青少年到成年人等众多玩家。

电玩是电视游戏机的简称，一般指需要和电视连接起来玩的游戏机。

网络游戏指通过互联网才能进行的多人游戏。甚至有网友戏称："一个服务器，就是一个江湖。"因为网络游戏为玩家创造出一个全新的世界，它独立于我们的现实世界，但可以感受到和现实世界一样的"真实"。在这里，有不同的职业、不同的等级的人，发生着各种不可预料的故事，这儿的房屋、街道、山水惟妙惟肖，还有和现实一样的规则和制度……

● 网络游戏的"前世今生"

最初出现的网络游戏被称为电脑网络游戏。玩家安装游戏程序后，通过客户端进入互联网进行游戏，这些游戏画质精美、任务复杂、定时更新，如英雄联盟、穿越火线、魔兽世界等。

其次出现了网页游戏。这些游戏无论是音乐、画面质量还是游戏方式，都比电脑网络游戏简单。但是，玩这些游戏时，可以直接通过电脑快速打开，游戏方式简单，轻松入手，如洛克王国、摩尔庄园等。

最后出现了手机网络游戏。目前，手机网络游戏是最受年轻朋友喜欢的，这些游戏不仅画面精美，而且操作简单、方便携带，随时随地可以玩，让好多"游戏迷"爱不释手。如男生最喜欢的王者荣耀、绝地求生，女生最喜欢的奇迹暖暖、恋与制作人等。

● 什么是电子竞技?

电子竞技就是通过电子游戏，进行人与人之间的智力对抗运动。这种运动，可以锻炼和提高参与者的思维能力、反应能力、心眼四肢协调能力和意志力，培养团队精神。电子竞技也是一种体育项目，和棋艺等非电子游戏比赛类似。2011 年，国家体育总局将电子竞技改批为第 78 个正式体育竞赛项。

很多同学将电子竞技和网络游戏混为一谈，并以此作为自己玩游戏的借口。事实上，电子竞技与网络游戏有很大的不同。电子竞技的参与者都被称为"职业玩家"，他们通过玩游戏获得收入，维持自己的生活所需。但是，职业玩家非常辛苦，他们不仅每天要训练十多个小时，还要研究游戏取胜的战略战术。电子游戏已经不再是他们休息娱乐的方式，而成为压在他们身上沉重的职业压力。

从简单的家庭游戏到随处可见的网络游戏，再到世界级的电子竞技比赛，电子游戏已经融入我们的日常生活，那么，为什么网络游戏会这么火呢？

●来自网络游戏的"魅力"

梦幻多变的网络游戏。从 1961 年发行的第一款网络游戏《太空大战》到今天，全世界研究开发的网络游戏数量众多，规模庞大，已经很难完全统计。这些游戏在市场调查、数据分析的基础上进行开发制作，吸引着各种各样的人。也许只有我们想不到的，没有网络游戏做不到的。每一个同学都可以在网络上找到自己心仪的网络游戏，网络游戏日益发展壮大。

跨越时空的网络游戏。与我们日常的踢毽子、打沙包等受时间地域限制的游戏不同，网络游戏的玩家遍及整个互联网，无论我们在什么地方，只要有电脑和手机，连上互联网就可以展开一段神奇的网络游戏之旅。

感受尊重与成功的网络游戏。获得成功，并渴求认可，是人之常情。在现实生活中，或许我们中有的人成绩平平，表现也不出众，没有得到过太多的赞美和认同。但是在网络游戏中，我们努力通过的每一个游戏关卡，和队友共同经历的每一次任务，都会让我们有成功和被人认同的感觉。这也许就是我们喜欢网络游戏的原因。

● 玩，还是不玩？这是一个问题

　　也许我们会有疑惑，既然网络游戏世界这么美好，那为什么很多抱着手机玩网游的朋友会被父母、老师骂得那么惨呢？其实网络游戏只是一种休息娱乐的方式，但是由于我们还缺乏自制力，不但没有在游戏中放松，反而花费了大量的时间、精力玩游戏，耽误了学习，得不偿失。

　　网络游戏的种类不同，我们获得的感受也不同。玩休闲益智类游戏，可以在身体放松的情况下锻炼我们的大脑；玩角色扮演类游戏，可以让我们融入剧情，学会换位思考；玩动作射击类游戏，可以提升我们的专注能力；等等。

　　但是，一旦我们沉迷于网络游戏不能自拔，每天上课下课总想着玩游戏，就要警惕了。长时间玩游戏不仅会伤害我们的身体，让我们无心学习，成绩下降，甚至会控制不住自己的情绪，容易暴躁发怒。网络游戏中一些不正确的价值观会影响我们对现实世界的认识。如果我们沉浸在网络游戏中太久，就会忘记怎么去努力上进，怎么去解决矛盾，最后反而什么都不会做了。

一起谈谈心

　　喜欢玩网络游戏并不可怕。我们被网络游戏精细逼真的画面、引人入胜的剧情、神乎其技的操作和志同道合的朋友所吸引。在玩网络游戏时，我们可以扮演喜欢的英雄角色，做自己梦想做的事情，甚至在不断进步升级后，会有丰厚的奖励和成就感，还能够获得网友和身边朋友的称赞。这些收获会不断丰富我们的生活，让我们在学习、考试之余，找到自己新的价值。但是我们如何才能在不耽误学习和父母支持的基础上，享受网络游戏的乐趣呢？

　　要理解游戏的本质。游戏有一种魔力，它可以让我们感受到放松和快乐。很多大哥哥、大姐姐喜欢玩游戏，是因为他们的工作压力大，而游戏可以释放压力、调节心情。但是正在上学的我们，玩游戏最大的原因就是丰富课余生活。网络游戏就像一颗美味的糖果，偶尔吃一颗增加点额外能量，能使我们心情舒畅、回味良久，但是天天吃或者吃太多的话，不仅会很腻，甚至会蛀坏我们的牙齿。

学会向父母请教。也许很多同学都会碰到这样的问题，在家玩手机游戏一旦被父母看到，免不了一顿臭骂，甚至有的父母会直接收缴手机。我们也许会感到气愤难平，认为父母不理解，甚至不信任我们。这时候，我们要自省，自己玩游戏的时候，是不是对父母限制一小时的要求置之不理？是不是抱着手机不想写作业？是不是只要一有空就抱着手机谁也不理？如果有以上这些情况，说明我们在手机上耗费的精力已经对学习生活产生了影响。另外，我们要学会向父母分享和请教。父母是我们生活中最好的老师，他们能为我们分辨哪些游戏适合我们，我们玩多久合适。要相信我们的父母，他们的出发点是因为爱我们，他们也希望我们的生活能够更加丰富多彩，我们能快乐成长。我们和父母之间有时候缺少的，只是分享和沟通。

要学会管理时间。如果我们已经出现玩网络游戏停不下来的烦恼，

那试着学习时间管理吧。时间是一条金河，莫让它悄悄地从我们的指尖溜走。作为学生，学习是我们的第一要务，尝试列出我们认为每月、每周、每天最能提升学习能力和学习成绩的计划，并制订学习时间表。比如，每天背三首古诗词、解一道数学题、流利地朗读两篇英文课文。当我们每日的目标完成后，我们可以将玩网络游戏作为努力学习的奖励，不仅有充分的时间娱乐，还没有太大的心理负担。如果我们持之以恒地进行时间管理，我们会发现，我们的学习效率越来越高，我们的成绩也不会受网络游戏的影响，我们还有充分的自由时间享受多彩的课余生活。

但是目前仍有一种现象需要我们警惕。在玩网络游戏时，我们会发现有些游戏需要收费或者充值。有的让我们花钱买装备、买道具、买皮肤；有的如果不充值，就没有办法开启下一关，之前的投入就白费了。如果遇到游戏充值，我们要冷静，切不可因为一时冲动点击付款。首先，我们没有固定收入，零花钱全来自父母；其次，我们还有许多网络游戏可以选择，不一定要玩必须付费的游戏。

趣味 小链接

如果我们不能很好地控制自己玩网络游戏的时间，甚至对网络游戏有点上瘾，我们可以尝试着这么做，或许能有帮助！

买两个小陶瓷罐，一个称为"好运罐"，一个称为"坏运罐"。每当产生玩网络游戏的念头时，就在两张小纸条上分别写出祝福自己拥有好运的话和让自己遭遇坏运的话，然后借助想象，把纸条上的语言信息视觉化，之后选择其中一张投入相对应的小罐里，然后把另一张撕掉。

选择往"好运罐"里投祝福的话，就表明克制住了自己，决定不玩网络游戏了；选择往"坏运罐"里投遭遇厄运的话，表明克制不住自己，决定玩网络游戏了。

例如：一位同学写了这样两张纸条——如果我现在能够克制自己不

玩网络游戏，并且去做一件很有意义的事儿，我们的脑子就会变得非常清楚，学习成绩越来越好；如果我们现在选择玩网络游戏，那么坏事将发生在我们身上，比如视力又下降二十度，成绩又下降两名。

写完这两张纸条后，如果选择了不玩网络游戏，就可以把写着祝福自己的那张纸条投进"好运罐"里，这就意味着祝福开始生效，然后把另外一张纸条撕掉，表示作废。如果选择了玩网络游戏，就必须把写着自己不好的那张纸条投进"坏运罐"里，这就意味着坏运开始生效，然后把另外一张纸条撕掉，表示作废。

一个月后，打开我们的"命运罐"看看，我们为自己选择了什么命运。

我们的一生会遇到许多选择，这些选择影响着我们人生的方向。喜欢或者不喜欢网络游戏，都不是一件坏事。即使我们身边有很多人都在玩网络游戏，我们也不要害怕不合群，无法谈论网络游戏这一个话题，我们还有好多其他话题可以聊呢！网络游戏是生活的调剂品，而不是生活的必需品。

第三节　活在二次元世界的"御宅族"

　　小御宅红红："第一次拿到 cos 服和表妹一起玩的时候，我们在家里试好衣服后，激动地在床上蹦来蹦去。"

　　红红正在上初二，成绩一般，性格内向，平时生活很单调。她不喜欢参加集体活动，不喜欢体育运动，放了学就背着书包回家，周日下午会去辅导班补习数学，从不和陌生人说话，最喜欢和一样是御宅的表妹一起玩。红红十分痴迷动漫。她第一次接触动漫是在小学四年级，班上的同学介绍她看了《百变小樱》，她看到小樱和自己的年纪相仿，幻想有一天可以和小樱一样，拥有神奇的魔法而变得强大。

　　红红从那时起逐渐迷上动漫，经常在上课时幻想一些二次元的情节，把身边的同学当成动漫人物。红红憧憬着有一天自己可以成为一个与众不同又有所作为的人。为了逃避学习的压力，红红每天一放学回家就开始看动漫，平均每天看 3 ~ 4 小时，她觉得二次元世界多姿多彩，比现实生活丰富多了，在二次元的世界中，可以忘记现实中的烦恼。

　　红红的成绩一直平平，看了《火影忍者》《海贼王》之类的热血动漫，心潮澎湃，非常认同动漫里的价值观："要想实现梦想必须付出相同代价的努力""朋友是一生的羁绊"。于是，红红希望自己能有一些改变。

红红尝试着为自己制订一些小的目标，如：向陌生人问路，和同桌玩一次课间小游戏，和同学分享一本漫画书，等。红红把这些小目标记在本子上，完成一项就划掉一项，一个月下来红红完成了三分之二的目标。看着划掉的满满三页，红红很激动，原来完成目标是这么开心的一件事！红红一直坚持着这个习惯，和同学也越来越熟悉，还交了两个新朋友，班上有的同学甚至会找红红推荐好看的漫画。这也许是御宅族红红从二次元世界得到的最好的礼物！

红红是御宅族的代表，喜欢在动画、漫画和买动漫周边方面竭尽所能。除了上课学习的时间，其他的时间几乎全部贡献给了二次元世界。御宅族到底是怎样的一群人呢？御宅族的世界又是什么样的呢？下面我们就一起来聊聊御宅族吧！

跟我聊聊吧

●什么是御宅族？

日本的动画（animation）、漫画（comic）和电玩游戏(game)在内容上相互借鉴，故被合称为"ACG"。ACG创造了一个美轮美奂的虚拟世界，与现实世界不同，它是平面的、二次元的。那些迷恋二次元世界的年轻人被称为"御宅族"。

互联网的普及，使得"御宅族"这个词越来越多样化。现在，"御宅族"泛指极度喜欢各类二次元文化，且窝在家里不愿意和人接触的人，[1]比如"动画御宅""漫画御宅""游戏御宅""coser""玩具周边宅"，等等。[2]

那么，"御宅族"一词是怎么来的呢?

●御宅文化与御宅族

御宅文化发源于日本。第一代御宅已经50多岁了，他们伴随着《铁臂阿童木》成长，在30多岁的时候受到通信网络影响自学成才，做出很多少男少女喜欢的东西；第二代御宅40多岁，他们的成长离不开东京迪士尼乐园和电脑游戏，如被视为经典的"超级马里奥"；第三代御宅已经成为父母，那时动漫已经成为时代的象征，他们从小就沉迷于英雄梦和少女梦；第四代、第五代御宅从小就同互联网接轨，ACG已经成为他们生活中不可分割的文化土壤。[3]

日益繁盛的日本ACG文化逐步向全世界扩散，动漫、游戏丰富的想象力、精彩的情节和独特的人物，使御宅文化迅速通过互联网传播到异国他乡，20世纪80年代，中国的御宅族就此诞生了。当时，中国一方面引进了优秀的海外动画在电视台播出；另一方面，当时最受学生欢迎的"小霸王"游戏带进了诸多海外的游戏，特别是日本电子游戏。但是，中国御宅族的春天来自一个神奇的组织——字幕组。这些成员精通中日语言，并免费翻译日本动漫、

[1]赵思.浅谈"御宅"现象及其心理分析［J］.科教文汇，2009(4)：235-237.
[2]黄哲.ACG御宅文化的发展以及流行原因再探析［J］.湖北函授大学学报，2015(16)：93-94.
[3]黄哲.ACG御宅文化的发展以及流行原因再探析［J］.湖北函授大学学报，2015(16)：93-94.

游戏产品，通过网络，将好的 ACG 带回国内。就此，越来越多的少男少女迷上了 ACG，而极度喜爱二次元的他们，逐渐成为御宅族的一员。[1]

●什么是二次元御宅族的最爱?

在中国，除了动漫、游戏外，同人志与 cosplay，也与御宅族密切相关。

同人志：就是由许多喜欢 ACG、志同道合的朋友组成的圈落。他们出版的杂志被称为"同人志"。广州于 2001 年开办了 YACA 动漫协会，掀起了中国同人志新的一页。自此，中国同人志作者们有了自己的活动场所。目前，网络上有很多支持同人志作者创作的平台，如网站"天窗联盟""哔哩哔哩"等。

COSPLAY：它是英文 costume play 的简写，指利用服装、饰品、道具以及化妆来扮演动漫作品、游戏中的角色。玩 cosplay 的人则一般被称为 cosplayer，简称为 coser。cosplay 近几年在中国内地满地开花，越来越多的人加入了 cosplay 的表演，它成了一门独特的艺术。与明星演唱会不同，观众钟情的是表演者所扮演的角色；与文学作品改编的舞台剧不同，观众必须对原著相当了解；与时装秀不同，表现者所诠释的概念是"再现"。在三次元的世界里再现二次元的世界，正是 coser 的目的所在。

●现实生活中的御宅族

我们很容易接触到 ACG。在接触初期，如果过度沉迷于二次元世界，就会对它产生高度的依赖性。在现代社会中，很多朋友生活简单，一旦遭遇压力，得不到爱与尊重，产生挫败感，或者由于空虚无聊，就会借助 ACG 来消遣时间。

但是，当逃避现实生活成为习惯，沉迷于比现实更美、更理想的幻境时，就会由衷地对二次元世界产生认同。在寻找新的人生价值和意义时，其生活方式也会发生很大变化。如果在二次元世界花费太多时间，并且疏于与现实世界接触，很多御宅族的自我管理能力就会下降。

而且由于"二次元情结"，御宅族会按照二次元世界的是非标准、审美标准和道德标准，来评价现实中的人和事物。比如很多御宅男习

---

[1] 高学也 .ACG 亚文化在中国的传播研究 [D]. 东北师范大学，2013.

惯了动漫人物夸张的身材比例、戏剧性的声音、夸张的五官，以及各种超现实的服饰，以至于他们对现实的人物都不感兴趣。

因此，有很多人将"御宅族"和"宅男""宅女"混为一谈。"宅男""宅女"指的是那些不喜欢与人打交道，只要能在家就不喜欢外出，整日网购、吃外卖的人，他们大多邋遢，对生活不感兴趣。而御宅族虽然与其有一部分相似，但他们热衷于二次元文化，喜欢交圈内的朋友，并通过社交、创作、参加比赛等方式，表达自己真挚的喜爱。

一起谈谈心

●对御宅族的刻板印象

青春期的我们不喜欢被管束，希望拥有更多自己的时间、自己的朋友圈，干一些自己喜欢的事情。而我们中很多人就是在这时候被奇幻的二次元世界所诱惑，逐渐成为一个御宅。在御宅族自己眼中，他们只是喜欢 ACG 的普通人，但是在别人的眼中，他们又是怎样的形象呢？来听听标准御宅族小米在她的同学眼里是什么样的。

小米的同桌小 A 说："她总是上课的时候走神，有时候会偷偷地在课本里夹一本漫画。有时候老师提问，她什么都不说。我觉得她好内向。"

坐在小米后面的小 B 说："她总是低着头，和她说话也不看人。有时候聊天，就像和一个火星人对话，前言不搭后语。唉，和她交流好困难。"

小米的班长小 C 说："她一点集体荣誉感都没有，什么活动也不参加。有时候开展班级活动，想参考她的意见，她总是说'都行都行'，但是一旦让她表演或者帮忙，就支支吾吾，或者偷空溜了。"

小米朋友小 D 说："小米懂得很多，特别是关于动漫的东西，为我普及了好多知识。不过，我感觉融不进她的世界，叫她出来玩她也是爱搭不理。除了动漫，其他的事情我们都说不到一起。感觉友谊的小船快开不下去了。"

事实上，很多御宅族在他人的眼里都是这样一种形象：内向、有距离感。

那么，如果我们真的很喜欢ACG，或者逐渐被二次元世界所吸引，如何避免成为一个不受欢迎的御宅族？

● 御宅族也可以是这样的

御宅族不是一个不好的群体。很多御宅族不受他人欢迎，最重要的原因是，他们总沉浸在自己的世界中，而忽视与身边的人互动。时间一长，除了对二次元世界有相同爱好的朋友，很难再有其他的朋友。

因此，避免成为不受欢迎的御宅族的最好方法是，去了解和喜欢更加美好的现实世界。

其实，漫画家在创造很多二次元世界的人物时，他们的灵感来自现实生活。漫画人物的性格特征也是来自作者对现实生活的感受，并将这些感受放大。例如：如果他生活中有一个特别热情、从不轻易言败的朋友，那么他的作品中，可能会出现一个面对敌人勇往直前的热血男主角；如果他生活中有一个总是抱怨生活，诉说自己不如意的邻居，说不定他的作品中就会出现一个特别衰，具有"乌鸦嘴"能力的队友。

漫画家并没有脱离现实生活，我们也应如此。我们也可以仔细留意现实生活中的一切，比如我们可以尝试仔细观察同桌。当老师提问时，他的眼神是很自信的还是回避的？当班级组织活动时，他是喜欢表达自己的观点还是随大流？甚至当他和我们说话时，语速是快是慢？他的手是握在一起，还是放在腿上？在观察他、接近他的过程中，我们不仅会和同桌有越来越多的话题，还可以在脑海中将他的性格无数倍地放大，让他进驻我们的二次元空间中。

二次元世界之所以吸引人，不仅仅是因为它奇思妙想的背景设定，而且活在二次元世界的人物都非常的纯粹，是好是坏一眼就可以看出来，就算有时候不明显，也会有其他的故事帮我们了解。但是在日常生活中，似乎每个人的面前都隔了一层纱，模模糊糊看不清对方在想什么，所以我们要鼓起勇气认真去聆听、了解身边的人，努力掀开这层面纱成为交心的好朋友。任何故事都来源于生活。当我们将现实生活的点点滴滴不断放大，我们会发现，自己的三次元（现实世界）冒险之旅才刚刚开始。

欢迎来到充满原创精神的 A 站和 B 站，让我们简单地了解一些二次元常用词汇吧！

A 站和 B 站是目前国内最活跃的御宅族平台，A 站全称为"AcFun 弹幕视频网"，取意于 Anime Comic Fun，是中国第一家弹幕视频网站；B站全称为"bilibili"，现为国内最大的年轻人潮流文化娱乐社区。A 站和 B 站在发展的过程中，聚集了越来越多的青年群体，他们成长在一个物质

富足、教育充实的环境中，互联网极大地扩展了他们的知识储备，在一定程度上他们是有文化自信、有道德自律和有人文修养的一代，也是最有创意的一代。

超个性 UP 主天堂

"UP 主"指在网络上上传发布视频的人，常混迹于 A 站和 B 站。他们多为青少年，个性鲜明，涉猎广泛，而且具有某方面的特长和专业性。有些 UP 主自身就是崇尚二次元的御宅族，他们喜欢剪辑各类动漫作品，发布动漫音乐，直播游戏，通过各种恶搞的方式，表达自己对动漫的喜爱。但有一些 UP 主并不是御宅族，而是混迹于时尚圈、美食圈、电影圈的人，给大家带来各类优秀的原创或转载作品。

原创音乐聚集区

B 站有很多热爱音乐的朋友们聚在一起，并创造了有口皆碑的作品。这些作品在网络上流传甚广，得到了网民们的一致认可，如《权御天下》《采茶纪》《九九八十一》等。这些音乐由于没有涉及商业利益，因而充满创造力和个性，为网络增添了无限的色彩。

国产动漫加油站

B 站专门为国产动漫创作开设了一个专栏，称为国创，即国产原创。随着国产动漫产业日益发展，越来越多的朋友们开始聚集到 B 站，观看国产动漫。B 站开设"国创"板块，对于国漫的意义不只在于让其作品本身获得更高关注度，而是给予国产动漫粉丝更多的平台进行二次创作，进而更好地传播国创作品。

如果我们是御宅族的一员，那么我们可以尝试将二次元文化介绍给身边的同学，借此交一些新朋友；如果我们不是御宅族的一员，我们也不能对御宅族怀有偏见，毕竟能有自己喜欢的事情并坚持下去也是一件了不起的事！

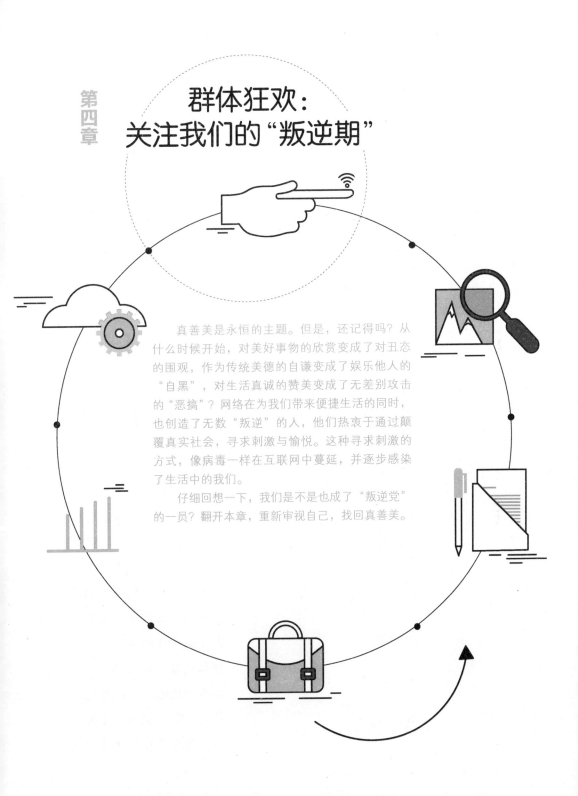

群体狂欢：
关注我们的"叛逆期"

第四章

真善美是永恒的主题。但是，还记得吗？从什么时候开始，对美好事物的欣赏变成了对丑态的围观，作为传统美德的自谦变成了娱乐他人的"自黑"，对生活真诚的赞美变成了无差别攻击的"恶搞"？网络在为我们带来便捷生活的同时，也创造了无数"叛逆"的人，他们热衷于通过颠覆真实社会，寻求刺激与愉悦。这种寻求刺激的方式，像病毒一样在互联网中蔓延，并逐步感染了生活中的我们。

仔细回想一下，我们是不是也成了"叛逆党"的一员？翻开本章，重新审视自己，找回真善美。

▶ 第一节　今天，你恶搞了吗？

听我讲故事

　　张召忠是中国最早、也是最有名的军事评论家之一。他一直敢于发声，曾对国际上的军事热点有精准的预测，但有时也会发生令人大跌眼镜的"翻船事故"。比如"雾霾可以防御激光武器""黄海海带绳会阻止美国核潜艇"等。他的一些言论，使得网友讨论他时，总把他说成一个"满嘴跑火车"的人，并通过各类方式对其进行恶搞：把他的图片进行PS，把他的经典言论截图做成表情、视频、音乐，等等。

　　但正是通过传播速度快、范围广的网络恶搞，张召忠的面孔被大多数年轻人所熟悉。张召忠在预测"印度航母试航会着火""美国总统大选出黑马"这些事件中，一说一个准。因而，网友们猜测，他就像一股来自东方的神秘力量，掌握了神秘武器，网友甚至钦点其为"战忽局（战略忽悠局）局长"，简称"局座"。

　　与很多被网络恶搞深

局座

深伤害的人不同，张局座非常高兴自己能够通过这一形象贴近青少年的生活，同时更好地传递中国军事科普知识。他说："你们开心就好，这个（恶搞）没事，我也不是什么重要人物，跟年轻人在同一个平台上，就要跟他们一块儿玩一块儿闹。"

张召忠还大方地接受了 B 站的邀请，进行了直播，当天观看的粉丝之多，直接导致 B 站短暂瘫痪。张召忠表示："过去黑我的人都转粉了，年轻人现在喜欢我，因为我真实。"

张召忠积极面对网民们群体狂欢式的恶搞，成了我们心目中的"局座"，但无责任式的网络恶搞有时也会深深伤害他人和我们生活的这个社会。如何判断我们浏览甚至参与的网络恶搞只是小小的玩笑还是恶意的伤害呢？接下来我们一起聊聊恶搞那些事儿！

● 什么是恶搞？

"恶搞"，又称作"Kuso"，是一种特殊的互联网文化。"恶搞"原意为"可恶"或"粪便"等意思，是用于发泄不满情绪时的口头语。但是，随着"恶搞"文化在互联网中传播，它成为没有太多恶意的"恶作剧"，含有搞笑、夸张、颠覆之意。[1]

"恶搞文化"，则是以复制、碎片拼贴、戏仿等非传统方式对文字、视频、音频、图片以及人或物等相关的文化元素进行重合、编辑和展示，达到搞笑的效果。[2]

> **知识链接**
>
> 戏仿，是在自己的作品中对其他作品进行借用，以达到调侃、嘲讽、游戏甚至致敬的目的，香港电影导演兼演员周星驰在《大话西游》和《功夫》等影片中大量使用了戏仿，向《西游记》等经典影片致敬。

---

[1] 赵新利 . "恶搞"文化：凸显网络传播的娱乐功能 [J]. 北京邮电大学学报 (社会科学版), 2006, 8(3):21-24.

[2] 徐俊，许燕 . 网络低俗文化的伦理反思与消解 [J]. 中州学刊, 2016(8):85-91.

● 与互联网共同进步的网络恶搞

PS 时代。PS，是微软软件"photoshop"的简称，它能够将不同的照片进行修改拼接，比如将人的身体与猫的脑袋拼贴在一起。网络恶搞最初起始于"小胖"系列。有人将一位胖乎乎的带有轻蔑眼神的中学生的照片传上网络，被熟练 PS 的网民安插在《泰坦尼克号》《勇敢的心》等大片的海报上，赢得了众人的欢笑。从此，PS 恶搞系列层出不穷，如"犀利哥""杜甫"等。

真人时代。自恋与喜欢自夸的"芙蓉姐姐"是当时的代表，网民热衷于模仿她的"S"型身材与经典语录，甚至将自己模仿的照片上传供大家欢乐。

视频短片时代。在网民可以自由上传视频后，一部为了吐槽电影《无极》所剪接的短视频《一个馒头引发的血案》上线，虽然在当时饱受争议，但是受到了网民的一致好评，网络恶搞的黄金时代就此来临。

如今，在网络中到处充满了恶搞的痕迹，从古至今，从总统到普通人，从星空到海洋，只有我们想不到的，没有网民不会恶搞的。[1]

那么，为什么"恶搞"会博得这么多网民的喜爱呢？

● 恶搞为什么火？

娱乐性强。网络恶搞能给人一种暂时愉快的享受。人们接触恶搞是因为能够缓解生活、学习和工作的压力，或者是出于好奇心。当今社会，大部分人都在为了生计而疲劳奔波，而恶搞这种方式提供了一种宣泄情感和压力的途径。但是在精神狂欢后，取而代之的是内心的孤独和迷茫。

互动性强。接触网络恶搞的门槛非常低，无论是否有知识，是否有经济实力，都可以通过网络进行恶搞，任何人都能够非常简单地进入网络恶搞的行列。比如诗圣杜甫诞辰 1300 周年时，一组名为"杜甫很忙"的系列图片在网络疯传。在这些图片中，杜甫时而手扛机枪，时而身骑

---

[1] 刘芳. 中国恶搞文化发展史 [J]. 中国新闻周刊, 2006(32):26-27.

白马，时而脚踏摩托。由于这幅原图来自语文课本，所以很多学生参与了进来，秀出自己的"再创作"。

传播性强。深受网民喜爱的恶搞作品，一旦被发掘，就会像病毒一样，疯狂地在各个社交媒体中进行传播，这种便捷快速的传播途径，不但能够让我们快速接触和扩散最新的恶搞作品，同时为网民的再创作提供了平台。

● 是"恶搞"还是"搞恶"？

网络恶搞深受网民的喜爱，体现了群众的智慧，有着各种创新的理念和对平凡生活精辟的总结，但我们必须认识到，恶搞也带来了很多负面影响。

颠覆历史经典，歪曲传统文化。在"恶搞"时，有些作品会刻意抹黑历史英雄。如将屈原的爱国主义诗篇说成表达对君主的感情，将狼牙山五壮士说成偷老百姓白菜的小偷，胡汉三当上了潘冬子的"评委"，为李鸿章的卖国行为翻案，为窃国大盗袁世凯评功摆好。这些作品是对民族英雄的玷污，是对民族历史的杜撰，是对中国文化的抹黑，应该坚决抵制。

破坏传统价值观，传播低俗观念。有些恶搞作品透露出低俗的价值观念。比如一些恶搞的荣誉证件，如"流氓证""黑社会证"等；网络流传的"宁愿坐在宝马车里哭，也不愿坐在自行车上笑""我叶良辰不是你惹得起的人"等言论；三好学生雕像被喷上墨迹恶搞成小丑等。这些崇拜暴力、金钱至上、嫉妒优秀的恶搞行为，已经突破了道德的底线，是对真善美的践踏。

伤及恶搞对象自尊，侵犯民众隐私。在网络上，随处可见对明星的恶搞作品，比如"尔康咆哮表情包""雪姨神曲有本事你开门"等。在对被恶搞的明星进行访谈时，他们一致认为这种形式的恶搞是一种语言暴力，是对形象的诬蔑，伤及了他们的自尊。明星况且如此，那么普通人呢？最早成为恶搞牺牲品的小胖，他的头像被 PS 拼接成各种版本，变成勇士、明星、女人甚至机器猫。这些恶搞之作没有一张征求过小胖本人的意见，也从来没有人关心过他的感受，没有考虑过他在现实生活中的尴尬困窘。

●不随意恶搞

　　无论接触恶搞文化对我们而言有利还是有弊，只要我们畅游网络，登入社交平台，无数的恶搞作品会自然地呈现在我们面前，这是大众娱乐的势趋。因此，我们一定要学会如何正确地看待恶搞作品，取其精华，去其糟粕，让恶搞成为生活中单纯而快乐的元素。

　　不要盲目跟风，随意传播。我们在刷微博或观看小视频时，会看到各种各样的恶搞素材，也希望分享给朋友，共同欢乐。但是在分享作品时，不要只了解有多少人观看、收藏它，而是要判断这些内容到底适不适宜传播给我们的朋友。如果作品里面出现了上文的反面案例，可千万不要传播给别人。否则，我们不仅成了网络垃圾的搬运工，还会给朋友们留下不好的印象。

要善于咨询求助。有很多恶搞作品会将真的、假的东西拼接混杂在一起，因为我们所学有限，有时很难分辨这些内容究竟是传递知识，还是进行恶搞。比如有人拿我们的英雄雷锋"开涮"，为他编造了 20 多种离世原因，只因大家只熟悉雷锋乐于助人的事迹，却很少有人了解他是怎么去世的。但是无论如何，也不会有 20 多种离世原因吧。如遇到这个情况，我们应该大胆地询问朋友、家长和老师，他们会很耐心地为我们讲解雷锋的故事，告诉我们雷锋是在陪战友开车时意外身亡的。

要向经典致敬。现在网络中有一种风气——颠覆经典，比如我国著名的四大名著都成为重要的恶搞素材。有很多好的作品对四大名著进行了现实版的解读，传播了现代社会的价值观念。但是有很多不良作品将四大名著中的角色进行丑化、污化，玷

污了角色魅力。一个内心充满真善美的人，一个对文化有所敬畏的人，一定要学会阅读经典、尊重经典，将美好的事情传递下去。

恶作剧要有底线意识。我们已经认识到，并非所有的事物都可以成为恶搞的对象，恶搞必须要有底线意识。很多有创新意识的小伙伴，可能不仅是恶搞作品的搬运工，还是恶搞作品的创造者。他们可能会将同学作为表情包，会将老师的一些丑照发在朋友群中，甚至模仿明星录制一段"抖音"或者"小咖秀"。但是我们一定要带着健康、智慧和尊重去娱乐，不要肆意地以娱乐为借口害人害己，要成为娱乐界的一股"清流"。

趣味
小链接

向欢乐有趣的恶搞经典作品致敬！

胥渡吧——以创始人"胥渡"命名创建的百度贴吧，以"娱乐至上，胥渡一下"的精神宗旨，出品了大量经典的创意配音作品而走红网络。其作品以创意模仿的搞笑风格将配音文化从娱乐的一面推向大众。在胥渡的带领下，其团队成功将胥渡吧打造成了一种全新的品牌文化，多次与中央电视台、湖南卫视、江苏卫视、浙江卫视、东方卫视等权威媒体深度合作。其间，更是将创意配音带上了《我要上春晚》《中国达人秀》的舞台。

《万万没想到》系列——故事的主人公是王大锤，每集的情节没有连续性，在不同的集数中王大锤遇见了各式各样人物，遭遇了各种奇葩、穿越的事情，虽然这些遭遇看起来离奇，但都有现实依据，令人忍俊不禁。

恶搞既有趣也很有创造性，但我们要掌握好恶搞的尺度，分清对象，不要因为我们的不知分寸而给自己和他人带来麻烦！

第二节 审丑是种病，得治！

Sunshine，这大概是史上走红速度最快的组合。

2015 年底，5 个来自安徽亳州的高一女生组成 Sunshine 组合，在微博上宣布出道，并附上 5 张粉色背景的小城影楼风格艺术照。这些照片和我们曾经拍过的影楼照如出一辙，普通的姑娘，简单的衣着，以及毫无气势的动作。这是她们出道时第一版标准照。

2016 年 2 月，Sunshine 发布首支单曲《甜蜜具现式》，迅速冲上音乐播放器酷狗新歌榜，可谓一夜爆红。

这 5 个年轻姑娘组成的团体被业内人士评价为：颜值和唱功都不足以撑起"偶像"二字。

但是，她们却火了。

对于 Sunshine 的突然走红，自诩了解娱乐圈的人在微博斩钉截铁地说，她们火爆的最大原因就是迎合了现在的审丑文化。尽管引起巨大争议，但 Sunshine 走红的脚步依然没有停歇。

目前，Sunshine 组合已改名为 3unshine，三位成员都有不少微博粉丝，并有"3unshine 全球后援会"等粉丝团体，甚至还出现了不少模仿者。如四人女团 Love-wings、三人男团 Nice 都在微博上宣布出道。男团 Nice（现已解散）甚至在微博上喊话 TFBOYS，说："我们的目标是国内第一男团！不想当将军的兵不是好士兵。梦想一定要宏远，我们不怕苦，不怕累，三人一条心。我们相信，总有

一天可以超越你们（TFBOYS）。"

Sunshine 之所以走红，是她们的形象与日常所见的明星偶像的精致时尚完全不同，她们不高大上，她们更接近普通人，猎奇的心理驱使更多人观注她们。

在互联网中，美和丑的反差引起了众人的好奇心理。围观的人多了，自然就火了，知名度提高了，这种现象也就越来越多了。这种以丑博人眼球的行为推动了网络上一种低俗文化的发展，这就是"审丑文化"。

知识链接

《说文解字》（作者许慎），它是中国第一部系统地分析汉字字形和考究字源的字书，也是世界上较早的字典之一。

● 什么是审丑？

丑，在许慎《说文解字》中释为："丑，可恶也。从鬼，酉声。"在中国，丑角直到明朝中期才真正登上舞台。此后，"丑"不断发展，逐渐被重视，直至与美形成尖锐的对立。审丑一向是审美活动的一个重要方面，历来的文学艺术都有表现奇丑的怪诞杰作。但是，此处讲的丑，是艺术上的丑，是不同于生活的丑，比如我们在京剧中常见的丑角、马戏台上的小丑等。

网络审丑则表现为在网络上发布低俗的、媚俗的、雷人的、夸张的等一系列语言、图片、视频和其他影像资料，同时也包括恶搞一些名人的丑闻。

现在的网络审丑与以前大不相同，人们不再通过将丑和美做比较，从而突出美的价值，而是毫无理性地参与到对丑的疯狂追求中。

2004 年靠网络成名的芙蓉姐姐，被认为是网络"审丑"第一人。从芙蓉姐姐、凤姐到现在的"蛇精脸"，十几年间出现的"丑星"不计其数，但网民们依然沉浸于"丑星"所带来的欢乐中不可自拔。

● "丑"为什么会爆红？

猎奇心理。猎奇心理是我们追求新鲜刺激的结果，就好比我们有时在街头津津有味地围观吵架一样。在没有互联网的时代，大家都控制着自己的猎奇心理，认为这种做法是对美好生活的玷污。但是在互联网中我们可以隐藏自己的真实身份，我们的猎奇

大家都这么丑了
就不要互相伤害了

心理相互感染和放大，对"丑"的嘲弄就从最初的个别围观发展为群体狂欢。

匿名性。为什么人们敢在网络上肆意展示自己的猎奇心理呢？因为没人有知道他是谁，他在哪儿。网络的隐匿性打破了现实生活中的规矩，而"审丑"文化正是他们在释放情绪和宣泄压力时排泄出的"情感垃圾"。

眼球经济的牺牲品。在很多"审丑"现象中，了解与参与的人数并不多，但是部分商家为了博取网民的欢心，获取眼球经济，毫无顾忌地制造各式各样的、迎合网民猎奇心态的"网络红人"，恶化网络风气。因而，从芙蓉姐姐、凤姐到"蛇精脸"，传统意义上被认为丑陋或不能被众人接受的人，越来越多地被捧为网络红人。[1]

●要对"审丑"文化说不

虽然在网络中追捧或者贬低以丑为美的网络红人，能发泄自己的情绪，能作为和朋友聊天调侃的话题，能让我们感觉自己在互联网时代没有"out"。但是丑的看多了，我们的审美品位也会被影响。

审丑文化大都宣扬拜金主义、恶俗精神，混淆着我们对真善美的理解，会动摇我们对美的评价；审丑文化过度散布负面信息，导致很多人对社会麻痹疏离，降低我们对亲朋好友，对学校老师，对身边人的信任感；

[1] 刘燕.关于审丑文化对大学生价值观的影响[J].学术论坛，2013, 36(1):211–215.

第四章 群体狂欢：关注我们的「叛逆期」

审丑文化通过过度炒作牟取利益，宣扬好逸恶劳的劣行，削减了很多人努力拼搏的奋斗精神。"卖丑"似乎成了"成名"的快速通道，但是通过"卖丑"成为网络红人，其负面影响依然难以消除，免不了被人贴上"丑人多作怪"的标签。

通多上文的描述，我们已经了解了什么是"审丑文化"。也许我们在上网时，也会因为好奇、新鲜而被它吸引，看到"整容脸""伪娘""拜金炫富"就忍不住点进去，满足我们的好奇心理。

有人说，审丑是本能，审美是技能。喜欢围观打架斗殴的人往往多于欣赏美术、景观的人。但这种说法大错特错。无论审丑还是审美，都可以是后天培养出来的。与"丑"相反，美是一种让人感动的力量。在互联网中，因为美而走红的网络红人比比皆是，甚至不用网络推手，也会引得人们的共鸣，赢得人们的喜爱。

在奥运会比赛中，因为夸张的表情和直白天真的采访发言一炮走红的傅园慧，很多人被她接受采访时夸张的表情逗笑，但更多人却是为她笑迎挑战、毫不气馁的精神而点赞。像傅园慧这样让人敬佩的网络红人不占少数，比如将思想道德课讲得津津有味的复旦大学教师陈果，被二次元青年崇拜的局座张召忠，等。尽管他们在被集体围观后也会逐渐淡出网络，但留在我们心间的是感动的力量。

我们对网络内容的选择，靠的不是手，而是心灵。当我们希望生活中充满美和善良，我们的目光所到之处，看到的美好会远多于丑态。比如当我们去海边游玩时，有的人看到的是一望无际的大海、汹涌的波涛以及海天一线的壮阔，有的人看到的是女士们走样的身材、到处乱窜的孩子以及散落在沙滩上的日常用品。前类人对大海的美景赞叹不已，后类人将对大海的记忆总结为"难看"二字。

●做"美"的传播者

在接触网络文化时，是我们的心灵的选择决定了我们是"丑"的推动者，还是"美"的传播者。那么，如何提升我们的审美品位，学会欣赏和选择美的事物呢？

多练字。纵横捭阖辟新径，酣畅淋漓写人生。鲁迅曾说，汉字有三美：意美以感心，一也；音美以感耳，二也；形美以感目，三也。我们可以通过书法感受流动线条的美，感受到每一个字的点捺都有生命的顿挫，每一根线条的流走都有人性的重量和质感，透过文字的痕迹可以感受到书写者的喜怒哀乐与悲欢情愁，感受文字的魅力。

多读诗。腹有诗书气自华，最是书香能致远。诗歌离我们并不遥远，它们是诗人生活的记录，是诗人情感的抒发。从古至今，虽然我们的生活节奏变得越来越快，但是对理想的追求，对家乡的思念，对美好的期盼始终如一。我们和古人的精神连接并没有断裂。灵魂相通的时刻，诗歌就是我们的使者。

多画画。会画画的人看到的事物和色彩是不一样的。日常生活中我们会被惯性思维所影响，猪是什么样，羊是什么样，天空是什么颜色，小草是什么颜色，早已印刻到脑海中。但是真实的世界远比画纸上的绚丽多彩，因而，为了能够让画更加美丽，我们会想尽一切办法，穿透原有印象，提升洞察力，了解无法一言而尽的真实世界。

多听音乐。音乐可以陶冶情操，它是世界共通的语言。每一首优秀的音乐作品，都是对生活的最美诠释，能够快速地抵达人们的心灵。多欣赏音乐作品，就是为了和更多优秀的心灵相接近，用无声的语言感受生活的美妙。

多郊游。心灵与自然相结合才能产生智慧，才能产生想象力。人孕育于自然之中，最终也将回归自然。大自然是我们生活的导师，是我们所有感官的最初的来源，多去外面看看不仅能够让我们感受到自然之美，更能够融入绚丽世界的缤纷色彩之中。一花一世界，一叶一菩提，审美的终极，终将是领略生命之美。

趣味 小链接

让人感受美好心灵的经典作品导读

电影《忠犬八公的故事》——小狗八公在帕克的呵护下慢慢长大，帕克上班时八公会一直把他送到车站，下班时八公也会早早趴在车站等候，八公的忠诚让小镇的人对它更加疼爱。帕克死后，他的亲人怀着无比沉痛的心情埋葬了帕克，可是不明就里的八公却依然每天傍晚五点，准时守候在小站的门前，等待着主人归来。

电影《放牛班的春天》——1949 年的法国乡村，音乐家克莱门特到了一间外号叫"塘低"的男子寄宿学校当助理教师。学校里的学生大部分都是难缠的"问题儿童"，体罚在这里司空见惯。性格沉静的克莱门特尝试用自己的方法改善这种状况，他重新创作音乐作品，组织合唱团，决定用音乐的方法来打开学生们封闭的心扉。

电影《当幸福来敲门》——克里斯被公司裁员，妻子离他而去，但他没有放弃努力，因为儿子是他的力量。他受尽白眼，身无分文。与儿子躲在地铁站里的公共厕所里过夜，住在教堂的收容所里，但他始终坚信，幸福明天就会来临。

——摘自豆瓣影评

对丑的追逐是短暂的狂欢，对美的感受才是永恒的命题。如果人生是一条长长的小路，美就像是路旁开满的各种花朵，一路芬芳伴随我们前行，而丑就好比是偶尔从远处飞来的蜜蜂，我们会觉得新鲜有趣，但是我们也要警惕被蜇的风险。

第四章 群体狂欢：关注我们的『叛逆期』

第三节　别在"自黑"的路上越走越远

我长得丑难道就不能交一些帅一点的朋友了吗？

我是班长，班级群是用我的表情包交流的。

考试考了双百，班主任当着全班同学的面夸我果然人不可貌相。

因为我比较黑，有天在学校的操场上散步，突然听见有同学大声疾呼：天呐，你们看！有件衣服在走路！

每当网上有类似于《如何优雅地形容一个人脸大》《脸大是一种怎样的体验》的文章时，朋友都会不约而同地@我。

我的人生目标就是找到人生目标。

大腿越粗，能放在上面的零食就越多。

整理房间的意义何在，反正人总有一死。

我最讨厌出自礼貌与别人分享食物，那人居然说好的时候！

我希望自己是一只猫，这样我越胖别人就越喜欢。

我的每日体操：在上课时保持眼睛睁开。

——摘自《阳子的自黑语录》

看到上面的段子，我们是不是会突然笑出声，然后发现，自己好像也有脸大、腿粗、不喜欢做家务、不爱跟别人分享食物、最讨厌课间操的时候？我们也喜欢通过自黑的方式表达自己的感受。自黑慢慢成为我们通过取笑自己的不足，逗乐他人的手段。接下来我们就好好聊聊自黑。

跟我聊聊吧

●什么是自黑？

"自黑"属于网络热词，其意思为自嘲、自毁形象。自黑被认为是一种压力下自我释放和治疗的手段。

有人认为，如果能抢在别人指出自己的缺点前，把避之不及的黑点拿来作为侃侃而谈的谈资，反而会让对方措手不及，防止对方用这些缺点攻击自己，伤及自尊。

自嘲是"自黑文化"最明显的特征。

●什么是自黑文化？

"自黑文化"兴起于网络，被自黑文化影响的网民颇多。典型的自黑，集自卑、辛酸、自嘲、恶搞于一身。从年龄上看，自黑人群多是刚踏入社会的年轻人或是在校的学生。随着网络的传播，越来越多的人喜欢用自黑的方式来调侃自己。

总而言之，"自黑"一词本质上是习惯于开自己玩笑的人。

任何一个人都会有缺点，都可以借自己的缺点自黑。比如很多明星会在微博上发布自己的"丑照"，马云也会在微博中发连环画，自嘲自己的长相像外星人。

很多人会夸大自己的缺点，甚至对改变自己的缺点和问题不抱有信心，他们安于现在的生活和状态，通过自黑来缓解无法改变的焦虑和压力。

●离自黑再远一点

自黑的世界是冷酷的，无论怎样行动，都无法改变现状，尽管可以通过自黑的方式对一切遭受的伤心和难过保持冷漠的态度，但是沉浸在"自黑"的世界中太久，终难以找回自己的自信。

过度接触"自黑文化"会让我们消极颓废。网络上所谓自黑的网民，大都对未来极其迷茫，对自我丧失信心，对社会尽量保持远距离，对我们所弘扬的真善美文化观念消极抵触。作为学生，我们虽然没有走进社会，

但是面对成绩、升学的压力、老师的批评、家长的训诫等种种不顺心的事情，有时也会通过自嘲的方式将自己归入自黑当中，通过黑色幽默接受自己的失败。但是当我们不断认可和强化这个失败者的身份时，我们就很难再有所改变了。

过度接触"自黑文化"会矮化自我。网络中常自黑的人们有的十二载寒窗考上大学，却无法找到一个理想的工作；有的初中辍学进城务工，在城市的繁华之中分得一杯苦羹。他们通过无限的自我贬低，抵触外部社会，信奉着"人至贱则无敌"。我们无法感受到他们在社会中的悲苦，但如果长期接触，或许我们会像他们一样，理想缺失却振振有词，学业荒废却成竹在胸，行为散漫却自以为有型。那么我们最终只会逃避现实，不负责任地自甘堕落，挥霍青春，迷失未来。

一起 谈谈心 -

如果我们经常关注自己的缺点，总喜欢和朋友聊天时自黑，那我们要注意，别总是自我否定。

仔细阅读下文，看看自黑的人生和让人羡慕的"人生赢家"有哪些区别。

关于人生的信条：

很少去想如何学习、如何收获更多知识，只要完成课堂作业就心满意足了。

——未来的自黑的人生

从内心相信自己会成为一个有用的人，有学习的意识、有对生活的美和文化的追求。即使一时的条件所限，也会静待机会，再度出击，坚持到底。

——未来的人生赢家

关于娱乐的理解：

在家看电视、玩游戏，看动漫或小说，以及在网络上关注一些零零碎碎没有营养的网站或内容，看完也一无所获，就是图个开心。

——未来的自黑的人生

将时间分配给自己的爱好，比如打篮球、练书法、绘画或者做一些小的发明创造。邀约有相同爱好的人一起组织相关活动，或参加相关的比赛，既快乐又刺激。

——未来的人生赢家

关于交友的方式：

喜欢和"不如自己"的人打交道，他们和自己一样，喜欢自嘲，不想通过努力改变自己的缺点，整天无所事事。

——未来的自黑的人生

不会总是和朋友在一起说些无聊的事情，他们或是志同道合、彼此督促进步，或是彼此交流钟爱的不同领域，可以打开彼此的眼界，看到更多不一样的生活。

——未来的人生赢家

还只是学生的我们，无从谈起自己是成功，还是失败。但每一次选择，每一个想法，都牵动着未来。自黑有时是自嘲、幽默的表现，但是过度喜欢自黑并因为逗乐他人而沾沾自喜，动辄将自己的缺点挂在嘴上却毫不在乎的自黑，其更是懦弱的表现。明知自身存在问题，却并不改变，这并不可取。

● 过度自黑是种不自信的表现

过度自黑的人大多是自卑的，他们不敢通过表扬自己，让别人肯定和赞美，反而先进行自黑，并期待别人反驳。因为他们一旦否定了你自黑的说法，实际上就是对你进行了肯定。

过度自黑的原因或许是缺少认同和自信，而自黑同时也在进一步破坏着自信。张国庆曾说，一个家庭里，尊重长辈也是尊重自己，国家亦如是，把这个国家的经济、政治、文化、历史乃至英雄伟人全都黑了，别人又会怎么看你？人必自辱而后人辱之，同样的，人必自黑

第四章　群体狂欢：关注我们的「叛逆期」

而后人黑之。

如果我们发现自己有很严重的自黑倾向，我们应该考虑一下自己是否存在不被他人认可的情况，是不是夸奖我们的人很少呢？是不是我们做的事情总是没有人认可呢？想要从一个习惯自黑的人变成一个自信的人，我们可以从以下几方面进行改变。

学会认可自己。认可自我，也就是获得认可感，这种感觉不仅来源于身边的亲友，同时也来源于自己。有人说，认可自我就是要让自己有价值，也就是我们认为自己某方面比别人强，比如学习成绩，比如能歌善舞，比如口若悬河。也有人说，认可感就是不用总是与别人比较，而是要善于欣赏自己，发现自己。比如，告诉自己：我很满意我的性格，我也觉得自己唱歌不错。但是，我们也不要自我欺骗，而是要看到不足，努力提高自己。一定不要极端地贬低自己。

学会自我教育。自卑不是人的天性，而是在后天的生活和教育中逐渐形成的，因此我们需要学会自我教育、自我改善。

那么，如果我们想改变那个不自信的自己，该如何做呢？我们可以把它分为三个步骤：

第一，找到自己想要改变的。慢慢地想，我们喜欢自黑的内容是什么。是大粗腿？是数学成绩差？还是一个"跑调王"的称号？也许我们曾经尝试着改变，但未看到效果，并最终将它们归结为遗传或者天赋。但事实上，我们中的大多数人还不足以到拼天赋的地步。因此，我们需要做的第一步，就是找到我们最想改变的地方。

第二，坚持做件事儿。自信最亲密的朋友是专注和坚持。专注，意味着我们要有一往无前的精神，在做任何一件事情时，都投入百分之百的精力，而坚持，则是改变的最关键因素。成功没有秘诀，贵在坚持不懈。任何伟大的事业，成于坚持不懈，毁于半途而废。其实，世间最容易的事是坚持，最难的也是坚持。想要坚持，我们可以在拟定目标后，将目标分割为无数个小目标。比如 3 个月减重 20 斤很困难，但是如果我们的目标只是先坚持跑步 3 天呢？

你将来会成为了不起的人，好好努力吧！

第三，不要让自责绊住我们的脚步。通常，我们在无法坚持时会责备自己，进行反省，问问自己为什么放弃。但是，这时候总会出现各种各样的理由，比如时间不够，计划赶不上变化，做了很久都没有效果，需要换一种方式等。事实上，编造这些理由时，我们不仅花费了宝贵的时间，还尽可能地原谅了自己。就算我们不给自己找理由和借口，承认错误，我们也仿佛从侧面再次证实了自己能力不足，击碎了好不容易建立起来的信心。其实，我们不需要花费那么多时间去自责，去刨根问底。最简单的方法，是遵从我们内心的感受，问问"是什么"——我现在的感受是什么？我在想什么？我正在做什么？与其绞尽脑汁地为自己做的、想的、感受到的找理由，不如问问自己心里的感受。只有充分地认识自己，我们才能将自律进行到底。

互联网文化：网络世界万花筒

别因为一点不足就否定自己，我们都做不到完美无缺。我们能做的就是尽管不完美，也要迎着冷眼和嘲笑向前奔跑！因为或许就像电影中一样，总有逆袭的时候！

《阿甘正传》——阿甘出生在美国一个闭塞的小镇，他先天弱智，智商只有75，然而他的妈妈常常鼓励阿甘"傻人有傻福"，要他自强不息。阿甘像普通孩子一样上学，并且认识了一生的朋友和至爱珍妮，在妈妈和珍妮的爱护下，阿甘凭着上帝赐予的"飞毛腿"开始了一生不停地奔跑。

《喜剧之王》——尹天仇一直醉心戏剧，想成为一名演员，平时除了跑龙套外，还会在街坊福利会里开设演员训练班。一次，他终于得到了大明星鹃姐的赏识，提携他担演新戏中的男主角，但这个角色却突然被换掉了。尹天仇之后卷入了刑事案件，帮忙破案后，他继续活跃在街坊福利会的演员训练班中。

《风雨哈佛路》——主人公丽兹出生在美国的贫民窟里，从小承受着家庭的各种负担。随着慢慢成长，丽兹知道，只有读书成才方能改变自身命运，走出泥潭般的现况。她开始了漫漫求学路，贫困并没有止住丽兹前进的决心，在她的人生里，从不退缩的奋斗是永恒主题。

《心灵捕手》——麻省理工学院的数学教授蓝波在系上公布了一道难解的数学题，却被年轻的清洁工威尔解了出来。可威尔却是个问题少年，成天四处闲逛，打架滋事。蓝波为了让威尔找到自己的人生目标，求助于心理学教授，希望能够帮助威尔打开心房。

——摘自豆瓣电影

我们的路还很长，每个阶段我们都会遇到不同的难题，但是我们不能因为某个阶段或者某件事的不成功就否定自己，为自己贴上失败者的标签。不管好事、坏事终究将成为往事，我们的生活总要继续，我们能做的就是打起十二分精神迎接下一次挑战的到来！

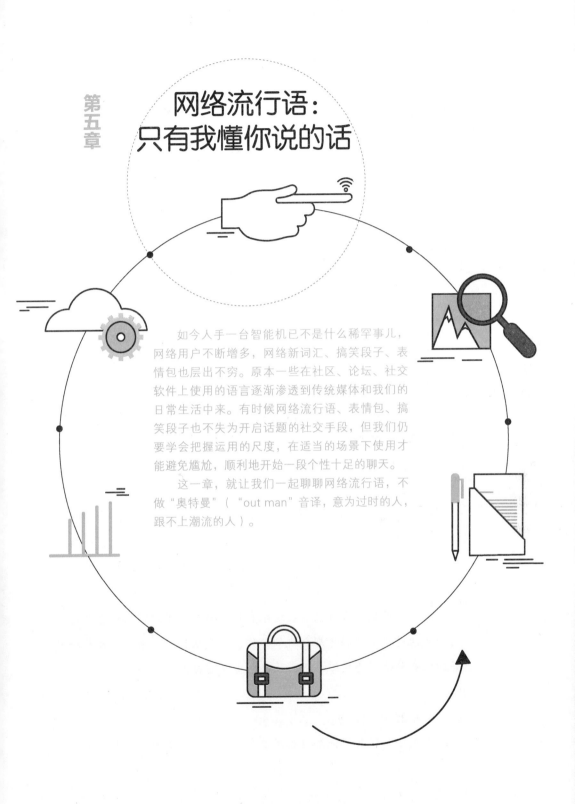

第五章

网络流行语：
只有我懂你说的话

如今人手一台智能机已不是什么稀罕事儿，网络用户不断增多，网络新词汇、搞笑段子、表情包也层出不穷。原本一些在社区、论坛、社交软件上使用的语言逐渐渗透到传统媒体和我们的日常生活中来。有时候网络流行语、表情包、搞笑段子也不失为开启话题的社交手段，但我们仍要学会把握运用的尺度，在适当的场景下使用才能避免尴尬，顺利地开始一段个性十足的聊天。

这一章，就让我们一起聊聊网络流行语，不做"奥特曼"（"out man"音译，意为过时的人，跟不上潮流的人）。

▶ 第一节 不懂这个词，你就"out"了

听我讲故事 ···

我的日记

4月20日　晴

今天，本宝宝简直太开心啦！昨天期中考试成绩出来了，我终于考进了班级前十名，得到了老师的表扬，还得了"最佳进步奖"！连平时最爱说我各种不行的小华下课后也来跟我请教经验。我淡定地回答了他："因为本宝宝使用了洪荒之力！"我潇洒地转身，深藏功与名，哈哈哈！

4月22日　阴

爸爸总是那么忙，每天回家都是"葛优瘫"，我想假期爸爸陪我去放风筝，爸爸总说他没有时间，让我自己跟朋友去。爸爸为什么总是没时间陪我，宝宝不开心，我可能是有个假爸爸！蓝瘦香菇……

晚上，妈妈看我那么沮丧就跟我聊了好久，我才明白爸爸也是为了我能过得更幸福才那么拼命工作，而我还错怪爸爸，明天等爸爸回家我要给爸爸按摩一下，让他也要注意身体。

4月25日　小雨

今天小华跟我说他给自己定了个小目标，比如用一个月时间从

150斤瘦到120斤！我只想默默地当个吃瓜群众。小华太贪吃了，我打心眼里怀疑小华的小目标无法实现，但我不说破，因为我怕我们友谊的小船说翻就翻。

5月4日　晴

今天我和小华约好去学校门口的书店逛逛，准备找我们一直追的漫画新番。到了书店，我们一眼就看见了我们要找的书，我俩赶紧拿上书找了个角落蹲下开始看，正看得津津有味，书店老板就过来了。老板说："小朋友，喜欢就买回去看，蹲着多难受啊！"我一听就感动了，老板太贴心了，还担心我们蹲着累，我立马掏钱把书买了。从书店出来小华就开始笑我，说我中了老板的套路，老板就是嫌我们光看不买故意那么说，激将呢！我恍然大悟，原来如此！小华真是老司机啊，早就看清了老板的套路！

从日记可以看出，我们的小主人公在日记中使用了很多的网络用语，如"本宝宝""洪荒之力""葛优瘫""蓝瘦香菇""友谊的小船""老司机""套路"等，这使得这几篇日记读起来非常生动有趣。但是网络流行语毕竟不是严谨规范的用语，我们到底应该怎么使用呢？接下来我们就来一起聊聊网络流行语吧！

●什么是网络语言？

网络语言是从网络中产生并应用于网络交流的一种语言，包括中英文字母、标点、符号、拼音、图标（图片）和文字等多种组合。这种组合，往往在特定的网络媒介传播中表达特殊的意义。

●网络语言的流行

随着网络、智能手机的普及，网民越来越多且呈低龄化的趋势。通

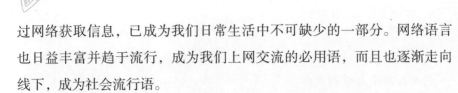

过网络获取信息，已成为我们日常生活中不可缺少的一部分。网络语言也日益丰富并趋于流行，成为我们上网交流的必用语，而且也逐渐走向线下，成为社会流行语。

早在 2006 年，"网络流行语"就已经作为词条被编入了百度百科并成为网络"扫盲"的工具。还有网民对该词条的内容进行补充和完善，并不时推出"网络流行语大全"修订版，在对网络流行语进行分类整理、解释词义之外，还附上了例句和图文并茂的"典故"出处。

目前，大多数网民是年轻人，他们追求时尚、富有个性、喜欢创新，喜欢用各种不同的语言方式表达自己的感情。一些独创的语句一旦使网民产生共鸣，被大部分网民所接受，就会迅速流行开来。尽管很多网络流行语用语不规范，但其具有形象生动、直观简洁、诙谐幽默等特点，人们用起来得心应手！

● 网络流行语出自哪里？

网络流行语要么出自网民的原创，如"蓝瘦香菇"；要么源自社会热点，如"我爸是李刚"。总的来说，网络语言源于生活而发于网络，创新灵动性非常强，用词、语气不同于书面语，大都较为幽默诙谐、生动传神。如今，网络语言的运用不仅局限于网络，生活中也十分常见，朋友聊天、老师上课、新闻报道、作文中常有出现。例如 2010 年 11 月 10 日，网络语"给力"一词登上了《人民日报》头版头条，网友惊呼"太给力了"。从最初的"火星文"到如今的流行语，网络语言越来越被大众所接纳。

自从有了网络以后，谐音字、别字史无前例地被广泛使用。对于我们来说，网络语言是朋友之间调侃、玩笑的调味品，是我们畅游网络世界的"通行证"，但其对于父母长辈是很难理解的，他们认为我们对待语言不够严肃，乱用错别字是只图趣味性而遗忘了文字本来的魅力。网络语言是我们自己小圈子内的潮流语言，却逐渐变成了我们和父母交流的代沟。那么我们应该如何理解和使用网络流行语呢？接下来我们一起谈一谈！

● 正视网络流行语

单从语言发展的角度来探讨，网络语言的流行其实很正常。因为语言不是试管里的试剂，而是汪洋大海，汪洋大海并不纯净，有泥有沙，有虾有鱼。对待网络语言，我们也应该像对待一般的新词新语一样，不急着对它进行这样那样的规范，更不应该敌视，应该对它采取一种宽容的态度。毕竟网络语言兴起的时间还很短，随着时间的推移，符合语言规范的词语会留下来，成为经典语言，而那些不符合规范的，则会在时间的洗涤中自然而然地淘汰掉。对于一些体现网民聪明才智、有创造性的、网友之间都能心领神会的特色语言，不但不应禁止，在一定程度上还要鼓励！

网络世界是雅俗共赏的世界，网络语言是我们生活中的一部分，我们可以适当运用网络语言，但也要学会辨别网络语言的好坏。一些网络语言过于粗俗、鄙陋，是不适合在日常生活中使用的。我们不难发现，网络流行语的寿命往往不会太长，一两年后就会被新的网络语言所取代，而真正经典的语言往往会永远存留下去。

● 网络流行语生命周期短暂

网络流行语言在本质上也是一种"快餐文化"，我们仔细回想一下，还能记得起前两年的网络流行语吗？网络语言是现代社会的语言表达方式之一，带着这个时代的气息。网络流行语逐渐从最初的单一式、标准化、口号式发展到今天的多样化、个性化、娱乐化。但是不管怎么变化，网络流行语总是来得快、去得也快。我们经常会发现一个网络流行语突然火起来了，突然之间大家都用这个词，但随着时间的推移这样的词汇就没人再提起了，一个个曾经火热的网络流行语就这样淡出了我们的视线。网络流行语似乎一直重复着从一夜爆红到病毒式扩散再到悄然退出的轨迹，旧的网络流行语被遗忘了，新的很快又流行起来，新旧更迭，周而复始。

● 网络流行语的正确打开方式

网络语言的流行使得语言表达更加丰富，人们之间的沟通变得新奇、简单、幽默、有个性。当然网络流行语也给规范汉语的运用带来不小的冲击。在网络流行语不断追求个性、不断创新的洪流中，语言的粗俗化也是值得重视的问题。如果长期使用网络流行语，会使我们对语言的感悟能力和运用能力下降。此外网络流行语出现在需要使用规范语言的地方，也会显得格格不入。所以我们要学会适度使用、适当使用网络流行语。

取其精华，去其糟粕。现代社会处于词汇爆炸期，每天都在产生、淘汰很多词语，那些真正呈现社会发展状态的网络热词，经过时间的考验会沉淀下来，并被社会大众所接受。如今已有部分社会通用度高、有生命力的网络热词被吸纳进新版的《现代汉语词典》中，这其实就是对网络热词的一种肯定。网络流行语是一个新生事物，我们既不能不分良莠一股脑儿地吸收过来，随意滥用，也不能把它视作洪水猛兽，拒之门外，一棍子打死。正确的态度和办法应该是认真加以鉴别，吸取其中的精华，去除其中的糟粕。

对于那些既具有正面、积极意义又形象有趣的网络流行语，我们应该予以接纳、吸收，在交流过程中加以运用，以增强其趣味性、感染力。最好试着把它们纳入语言文化中，在丰富我们母语文化的同时，使这些词语更有品位、更加规范。对于那些低俗、有损风尚和道德的网络流行语我们应该坚决予以抵制，不去热捧和盲目使用，从而规范网络语言，减少网络不文明用语。

适当运用，注意场合。对网络流行语，我们应报以宽容的心态，既不应全盘否定，也不应盲目使用，冷静思考后加以引导才有可能使其成为推广先进文化的"助力器"。我们在日常生活中使用一些有意义的网络流行语并无不妥，但面对老师或长辈尤其是祖辈，能不用尽量不用，一方面显得尊敬，另一方面也省去解释的麻烦。[1]

---

[1] 引自吕府刚《什么才是网络流行语的正确打开方式》，有删改。

网络流行语是网络快速发展的产物，是无法避免的客观事实。网络流行语是一种文化的传播，规范使用网络语言，不滥用网络语言，不片面追求新奇，是我们对待网络流行语的正确态度。

趣味小链接

网络流行语总是速生速朽，但是在它曾经流行的那段时间里还是给我们带来了很多乐趣。下面我们就一起来回顾一下那些年我们说过的网络流行语，看看你还记得几个！

1. 心塞

心塞，表示心里堵得慌，难受，周围有不顺心的事让你心里很不舒服，或者表示对某件事情很无语。

例如：英语考试不及格，好心塞。

2. 你行你上

你行你上，从篮球迷的争论中而来的流行语。"你行你上"意思很明确，槽点也很明确，英文翻译为"You can you up"。对应流行语为："No can no bb"（不行就闭嘴）。

You can you up a
你行你上啊！

例如：某人做某事真不怎么样。

——你行你上啊！

3. 呵呵

"呵呵"原指笑或微笑、开心的笑，也表示自己开心，是笑声的拟声词。但在互联网迅速发展特别是聊天工具和BBS普及发展的情况下，"呵呵"这个词被越来越多地使用于网络，用来反映自己的表情。当然，这个词在手机短信里同样也得到了广泛的使用。

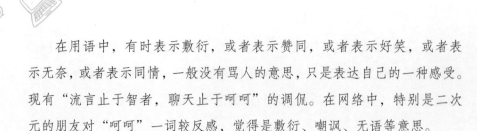

在用语中，有时表示敷衍，或者表示赞同，或者表示好笑，或者表示无奈，或者表示同情，一般没有骂人的意思，只是表达自己的一种感受。现有"流言止于智者，聊天止于呵呵"的调侃。在网络中，特别是二次元的朋友对"呵呵"一词较反感，觉得是敷衍、嘲讽、无语等意思。

例如：今天放学我要去吃大餐，你呢？

——呵呵！

4. 累觉不爱

"累觉不爱"是很累，感觉自己不会再爱了的缩略形式。源自豆瓣上的一个帖子，一名95后男孩感叹"很累，感觉自己不会再爱了"，后引发众多二三十岁的青年议论。

例如：数学太难了，累觉不爱！

大多数网络流行语的生命周期是短暂的，只有极少的网络流行语可以较长时间被人们使用。因此我们不必因为自己不懂某个网络流行语的意思就觉得自己过时了，也不必因为自己是网络用语小达人就沾沾自喜。

第二节 一本正经搞笑的段子手

听我讲故事

　　小华喜欢看网络综艺节目，特别喜欢《吐槽大会》中的李诞。李诞除了非常幽默外，还有一双聚光的小眼睛。

　　小华曾经很苦恼。他有点害羞和内向，希望和同学打成一片，但是总不知道该和他们聊什么。每次就坐在一个角落，静静地听他们聊天。

　　最近，因为迷上了"段子手"李诞，小华也开始慢慢学习模仿别人说段子，有时候还能创作点日常生活中的搞笑小段子。

　　有一次，同学们聊起了《吐槽大会》，小华鼓起勇气加入聊天："我很喜欢李诞，他写的很多段子我都知道呢！"他给同学们讲了几句，还摆了造型，同学都被逗笑了。小华第一次感觉，和同学聊天有说不完的话。

　　之后，小华经常在课间时为同学讲段子。

互
联
网
文
化
：
网
络
世
界
万
花
筒

这些段子有自己写的，也有从网上看的。慢慢地，小华被同学们称为班里的"段子王"。同学们聊天总叫着他，让他讲点新段子，大家开心一下。比如小华说过这几个段子：

"为什么我的脸长得这么长，身子这么大呢？

"因为我是被父母拉扯大的！

"每当我取得好成绩的时候，就是父母和老师的功劳！

"但是没考好的时候，就是我没有努力造成的。"

小华从最初害羞内向，不知如何与同学聊天，到现在的侃侃而谈，段子是他打开话题的小妙招。这不仅给同学带来了欢乐，也让他开朗了起来。

但最近一次，班主任叫小华到办公室，说小华的作文有些问题。她问小华："假如今天生活欺骗了你，不要悲伤，不要哭泣，因为明天生活还会继续欺骗你。这句是普希金的原话吗？随意窜改名人名言是不可取的，这些话作为网络上或者生活中的玩笑或许无伤大雅，但是在作文中出现是不合适的。段子可以适当说，但是要注意场合！"

小华和老师谈完话后才明白过来，自己虽然通过讲段子融入同学之中，但是没有注意把握尺度。小华也答应老师以后会适当讲些段子增添乐趣，但也会注意场合，该严肃的时候严肃。

现在有很多人在微信、QQ和微博等平台发布和浏览搞笑段子，为生活增添一点乐趣和色彩。那么，同学们喜欢听新鲜有趣的段子吗？在我们身边，有没有一个很像小华这样爱讲段子的朋友呢？

● "段子"的含义

作家王蒙曾笑侃："唐代有诗，宋朝有词，元曲之后还有明清小说，现在我们有什么？段子呗！"

其实很早之前，"段子"是相声表演艺术的一个术语，指作品里面一小节一小节的内容。随着短信、微博、微信越来越广泛的使用，段子也从一种表演艺术变为一种网络用语。这里的"段子"，通常是指网络上流行的"不合常理的、有黑色幽默色彩的"的句子。比如有个搞笑段子，有两只小鸟，看见一个猎人正在瞄准它们，其中一只说："你保护现场，我去叫警察！"其实这只小鸟只是找借口，想先逃跑，但它说的话却出人意料，令人忍俊不禁。

● 谁是段子手？

与段子同时诞生的，还有一个新的职业，叫作"段子手"。顾名思义，段子手就是写段子的人。但是段子手和作家不同，他们喜欢写段子，但是不靠它谋生。无论是学生、老师、上班族，还是自由歌手、明星，都可以成为一个"段子手"。比如一个初中老师经常在微博上写段子，他写道：

"是不是我长成李易峰和杨洋那样，学生就会认真听我讲课了。

"我和学生最远的距离不是我讲课他听不懂，而是走在路上他假装看不见我。

"学生永远不懂老师的三种爱：下课给学生继续讲课，放学给学生补习，晚自习来教室陪伴学生。"

在今天，段子不仅仅是文学的新增量，同时也承担了许多文化创意的功能。市场和商业的推动，正在使段子由兴趣变成一个产业。在段子博君一笑的背后，已经默默形成了一个收入还不错的行当。他们靠脑力吃饭，深谙时事政治，熟知街坊小事，身怀笔尖上的绝技。为了培养合格的段子手，甚至存在有专业的段子

培训机构。而"80后""90后"乃至更年轻的创作者，则以他们独特的风格，影响着这个时代的段子，比如我们小故事主人公小华喜欢的段子手李诞。

在网络社交媒体，比如微博、QQ、微信上，段子深受大家欢迎。无论是写点日常小事，还是分享些社会热点，人们都喜欢用笑料交流感情。但是，虽然段子很有趣，但它的内容却非常简单，不会引发深思。有人认为，貌似幽默风趣的段子实际格调很低，"语言是心理活动的外现""说什么话传播什么信息，反映一个人的精神面貌和价值取向""如果大家都沉溺于段子文化是对社会文化的伤害"。甚至有些人在说段子的时候不尊重他人，不会权衡段子的利弊，会触及人们的底线，对他人的尊严造成伤害。所以，我们要正确看待让自己捧腹大笑的段子。

●好的段子是生活的一抹亮色。

每一个能吸引人的段子都是对生活细节的捕捉。无论是激励鼓舞人的句子，比如"因为有了失败的经历，我们才会更好地把握成功的时机；因为有了痛苦的经历，我们才更懂得珍惜；因为有了失去的经历，我们才不会轻易放弃"；还是带有黑色幽默的句子，比如"生活总是赋予我们很多东西，有好的，有坏的，有让人高兴的，也有让人难过的，但是我们必须学会接受，因为没有别的选择"，这都是人们对生活的思考。

正是有了这些小短句，我们在看待事物的时候，才会挖掘出多个侧面。听段子是一个与自己重逢的过程，可以让生活中麻木的人们在段子中重塑生活，认识到世界上的另一个自我。

●聊段子要区分场合

我们现在所说的段子来源于网络，内容也参差不齐。当和朋友在一起时，如果有共同熟知的段子，可以拉近彼此的距离；如果有独一无二的幽默段子，可以让大家专注聆听，感受快乐；如果有善解人意的段子，再多的不开心都会一笑而过。

但是当和父母长辈在一起的时候，很多我们觉得稀松平常的段子，

他们也许并不了解。因为很多长辈对网络不怎么熟悉，也不感兴趣。因此我们和长辈聊天，要学会真诚以对，聊一些日常生活和学习中的事，而不是稀奇古怪的小段子。

当我们在上课回答问题或者写作文的时候，更要谨慎用词，不要随意模仿网上看到的段子，因为这只是一种娱乐消遣的方式。而在课堂上，我们需要的是阅读文化经典，要提升我们的内涵。

●对低俗段子说不

网络上的段子纷繁复杂，既有健康向上的"红段子"、黑色幽默的"灰段子"、让人无言以对的"冷段子"，也有内容低俗粗浅的"荤段子"和"黑段子"。网络段子缺乏了个性和卓越的审美品格，就与真正的艺术背道而驰了。我们可以在闲暇时看段子放松一下，但是如果沉溺于段子的消遣中不能自拔，甚至去看和模仿一些粗鄙的、含有色情暴力的段子，那我们的脑子就会"越来越小"。因为我们只顾着消遣，而思考得越来越少，

这样我们只能用浅薄的心态对待生活，难以找到美的品格，难以与真正的艺术对话，难以在经典书籍中体味文字的魅力。

　　除了李诞，还有好多把段子"说"成事业的段子手，下面我们就一起简单了解几位！

　　白洱——一个广告从业者，通过一件小事、一句抱怨、一段感想、一缕温馨讲一个段子，创一个企业。

　　赖宝——用幽默戏谑的语言道出原生态的都市青年生活，从政府职员、记者变身为脱口秀段子手。

　　所长别开枪是我——微博知名写手、网络评论人。创作过无数耳熟能详、风靡于网络的经典段子。现实生活中，他是一家金融投资公司的运营总监。

　　池子——独创的"知识点"系列段子，成为其精妙的必杀技。他的语速和节奏很快，最接近美式脱口秀黑人的风格，段子密集，速度快，让人防不胜防。

　　如果能把一个爱好做成一项事业也是很了不起的。但是对于我们大多数人来说，段子主要还是用来消遣的，因此我们也不必为段子花费太多时间和精力，就当作我们烦闷时的一种解压方式吧。

第三节　表情包，一切尽在不言中

"你好，110""送平安""开车不玩手机""打赢坐牢""我大吃一惊""你别跑！"……憨态可掬的卡通男民警，可爱活泼的卡通女民警，有的充满正义，有的宣传知识，有的在献爱心，卡通民警可爱的形象配上简洁的话语和简单的肢体动作，组成一套"萌萌哒"表情包。这些可爱的民警卡通表情包，萌化了网友的心，让很多人爱不释手，大家纷纷点赞。

这组"表情包"的作者不是别人，正是女警察小婷。别看小婷年纪轻轻，已经参警多年了。她负责的社区有50栋居民楼，每天都需要处理各种烦琐复杂的事情，常常碰上"稀奇事"。小婷闲暇时候喜欢画画，有时候她将自己工作中的事情和情绪片段画出来，不仅积累了"表情包"的素材，画技也逐日提高。有一天小婷忽然灵光一现，我为什么不通过自己的画笔，来展示我们人民警察的良

你好，妖妖灵

我大吃一惊

送平安

好风貌呢！一来可以普及知识，二来还可以展现可亲可敬的民警形象，拉近与市民的距离。而且表情包也是现在大家都喜爱的情绪表达方式。说干就干，小婷以自己形象为原型，在网上下载了绘图软件和教程，每晚自学摸索，创作出一男一女两个身穿制服的卡通警察形象。

"有了人物，还要有动作和情绪才会饱满。每一个表情后面，加上一段真实的警察故事，这样才有意义。"小婷想。于是有时候加班到凌晨4点还不能离开派出所，诞生了女警版的"宝宝心里苦"；男警察顶着大风雪完成出警任务后大病一场，医生要求住院但有可能延误工作，男警版"我的内心是崩溃的"出炉；深夜值班接听各种报警电话，有了"你好，妖妖零（110）"；民警调解打架双方，双方均坚持自己没有先动手，有了男警版抠鼻表示怀疑"真的吗"。

几个月时间，小婷利用下班时间，完成了一组表情包图片创作，很多警察同事觉得有趣，纷纷转发，这些表情包在网上迅速走红。不仅可以与人分享，还能在QQ与微信聊天时传播安全知识。很多网友转发以后不禁感慨，警察同志也有可爱的一面，为他们接地气的表情包与负责任的工作态度点赞。

制作使用表情包已经成为一种流行的网络文化。作为一种文字补充，它可以恰到好处地用于交流，拉近人们的距离。接下来我们就一起聊聊表情包的那些事儿。

● 表情包的进化史也是科技与互联网的发展史

1982 年 9 月 19 日，美国卡耐基·梅隆大学的斯科特·法尔曼教授在电子公告板上，第一次输入了一串 ASCII 字符：：-)，人类历史上第一代表情符号就此诞生。[1]

第一代表情由标点符号组成，因为当时计算机的图形交互界面还未成熟，同时受限于互联网传播速度，既无法生成也很难传播图像。同样，在手机短信时代，受制于运营商的限制，这些符号也成为人们沟通时降低误解的重要方式。盛行于日本的颜文字（kaomoji）可以看作是第一代表情包的升级版。

第二代表情包以 Yahoo Messenger 中的表情脸谱为代表，这些符号丰富了人们互相沟通的趣味性。在国内，2003 年腾讯针对国内用户在 QQ 上推出了经典的小黄人头像，而 2007 年重新设计的版本已经成为一代经典。

随着移动互联网时代到来以及智能手机、3G 的普及，第三代表情即

Line Sticker 贴图表情

---

[1] 引自《科技史上 9 月 19 日历史上第一张电脑笑脸》。

以 Line Sticker 为代表的更丰富、更大的贴图表情诞生了。以时下流行的明星、语录、动漫、影视截图为素材，配上简短幽默的文字，制作成图片，用以在聊天过程中表达特定的情感。这类图片表情常以成对或成组的形式出现，因此也被称作"表情包"。

第四代表情是 GIF。GIF 兴起于 90 年代，在初期慢速的互联网时期广受喜爱，后来带宽和流媒体技术快速发展，不少人预测 GIF 格式可能消亡，但近两年却被主流媒介重新接受。[1]

目前，互联网上流行的 GIF 多为电影片段，一般只有 1 ~ 5 秒，较长的达 20 秒。一个小片段用非正常的速度无限循环，一遍又一遍观看，品味每一个可能漏掉的画面细节，既有趣又催眠。各大社交网站对 GIF 的支持，使"万物皆可表情包"，GIF 正在成为流行文化的一部分。

● 表情包流行面面观

很多表情包融合了文字、图像等多种元素，成为在线的"网络方言"。在线时间越长，我们表情包收藏夹越丰富。毕竟现在大家聊天，没几个表情包，简直没法跟上别人的节奏啊！

表情包的使用拉近了人们的距离。表情包凭借其新颖的创意和幽默的画风，成为人们在社交软件上聊天时离不开的新宠。里约奥运会游泳比赛后，"洪荒少女"傅园慧在接受采访时充满个性的夸张表情，被网友配上文字制作成表情包；韩国小网红宋民国萌化人心的可爱动作也被制作成动态图片，成为无数网民微信聊天时的必备表情；《芈月传》演员孙俪、刘涛纷纷用自己的表情包为作品做宣传；黄子韬、小 S、金星这些表情丰富、语言犀利的明星，他们的许多镜头也被网民制作成表情包。

我们将乐观向上、寻找快乐的性格投射到丰富多彩的表情包里，在不知不觉中表情包成了一套通用、流行的网络话语表达方式，在无形之中拉近对话双方的距离。

表情包的使用弥补了文字交流的枯燥。反腐大戏《人民的名义》掀起了全民追剧的热潮。剧中的汉东省省委常委、京州市市委书记李达

---

[1] 引自《是表情包还是未来语言？全世界都爱用表情背后的逻辑是什么》。

康，更是凭借克己奉公的精神、真抓实干的作风、耿直率真的性格，圈粉无数。"达康书记别低头，GDP 会掉""别流泪，祁厅长会笑""请开始你的表演""高兴到只剩下双眼皮"等一系列相关表情包迅速蹿红，在各大社交平台已成刷屏之势。

表情包弥补了文字交流的枯燥和态度表达不准确的弱点，有效地提高了沟通效率。部分表情包具有替代文字的功能，还可以节省打字时间。作为网络文化，表情包体现出强大的流行文化的力量。那一个个像素并不高、制作也不精美的表情背后，蕴藏着丰富的感情，也传递着人们在现实生活中不能随意展示的洒脱与真实。表情包像是一个面具，人们戴着它，在喧嚣与热闹的网络世界里高声喧哗、呐喊、嬉笑。随着智能手机的全面普及和社交应用软件的大量使用，表情包已经高频率地出现在人们的网络生活中。

"暴力"表情包污染网络。表情包追求醒目、新奇、戏谑等效果的

第五章　网络流行语：只有我懂你说的话

特点，与年轻人张扬个性和搞怪的心理相符。"一言不合就斗图"不再是个别现象，而是网聊常态。但表情包狂欢的表达方式，也放大了许多人的负面情绪，加剧了社会的浮躁风气。

很多表情包习惯使用谐音字、错别字、粗鄙语言、三俗图片，甚至不惜戏谑他人、侵犯名人肖像权等，这些表情包的频繁使用不断污染着网络环境，甚至挑战着真善美的价值标准，触碰道德和法律底线，我们应该自觉抵制、理性分析。

还有人因使用表情包影响汉语正常发音，如"难受"这个表情，除了配上哀伤的脸，往往还配上文字"蓝瘦"，而"就这样"的表情往往是一瓶酱油，旁边配上"就酱紫"，这类表情包的用词一定程度上影响文字表达的规范性。

表情包的广泛使用，也催生了一些低俗的内容。一些表情包创造者在制作上过于"不走寻常路"，也有一些创作者只求能火不求正常，这就导致表情包慢慢成为倾泻负能量的载体，也存在着低俗化的隐患。

表情包能使我们的在线聊天变得生动、形象，好友之间也能通过表情包相互调侃，无形中拉近对话双方的距离。虽然表情包如此好用，但是在使用时，出现了恶意斗图、侵犯肖像权、触碰道德底线的一些乱象，这种现象必须要引起我们的注意。

●合理使用"绿色环保"的表情包

表情包既是图片，也能代替词语或句子，在表达意义的同时，也使交流更生动、形象。我们的开心、郁闷、愤怒、调侃，都可以通过表情包上的人物表情和诙谐的动作表达。很多时候我们会觉得"一图抵千言""一图了然"。幽默、夸张、粗线条的表情包，好似一张独特的文化假面，弥补了现实社交的单调表情、套路语言，是人们表达情绪、释放压力的轻巧工具。有些表情包与社会生活中的热点事件和网络流行语紧密相连，有助于我们更好地了解中国文化与社会现实。对于"绿色环保"的表情包，我们应该持欢迎的态度，让其成为我们与他人在线交流的积极符号。

● 合理看待表情党与"斗图"行为

表情包里面的人物有夸张搞怪的表情或可爱有趣的性格，还能融入各种各样的场景中。表情包逐渐成为很多网民对社会热点话题发表意见的手段与工具。网络上还形成了"表情党"这样的群体，他们在线聊天时，基本不用文字，动辄发图，经常是一言不合就狂发表情包，用表情包轰炸屏幕，用表情包堵住你的嘴。实际上，在交流过程中过度依赖使用表情包，可能会导致逻辑思维能力和语言表达能力退化。另一方面，如果聊天时对方并不喜欢这种方式，那么可能破坏人际关系。

网络上还经常会有"斗图"行为。这种行为初起始于 QQ，群聊时大家发送有趣图片以相互娱乐，就某一话题进行海量刷图，拼自己表情包的储存量与搞怪程度。后来有人将"斗图"发展到网络论坛、贴吧上，网友间一旦言论不合就以涂鸦表情包进行谩骂、攻击，许多情绪都用表情包来替代，导致情绪被表情包绑架。其中不乏猎奇和恶搞的表情包，在肆意宣泄、表达心理需求的同时，放大了负面情绪，加剧了不良风气，污染了网络环境。

我们在与人沟通交流时，要拒绝做表情党与斗图党。其实与人沟通聊天，除了表情包，还应该有文字。认真地写文字，对自己既是一种态度，

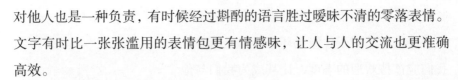

对他人也是一种负责，有时候经过斟酌的语言胜过暧昧不清的零落表情。文字有时比一张张滥用的表情包更有情感味，让人与人的交流也更准确高效。

● 避免使用问题表情包

对一些问题表情包，我们应注意避免使用。

一是对于使用了不规范汉字的表情包，我们要少用或不用。这种表情包会在一定程度上影响中文使用的规范性，如果大家习以为常，就可能降低我们的汉字水平。

二是部分表情包的图画或文字会出现色情、暴力或其他消极、不健康甚至触碰道德和法律底线的内容，对于这一类内容我们必须坚决予以抵制。比如电影《二十二》上映，有好事者为了追热点，曾制作了一组以截取"慰安妇"老人头像为基础制作的动图表情，引发社会公众强烈愤慨。这种表情包我们应该坚决抵制。

三是很多表情包涉及人物肖像权，具有明显的商业属性，有时被商业机构用于盈利，有时对当事人有意诋毁，造成侵犯名誉等恶劣影响的，使用时我们一定要审慎。如葛优就将艺龙网信息技术（北京）有限公司诉至法院，后者因在官方微博中使用"葛优躺"表情作为配图，被法院判定"侵犯个人肖像权"，须赔礼道歉并赔偿相关经济损失 40 余万元。

综上所述，我们要合理使用表情包，它是我们维护良好人际关系的润滑剂，我们不拒绝使用，因为绿色、精美的表情包，给人与人的聊天增添了色彩，但同时我们也要遵循避免滥用的原则，创造和谐的社交关系与网络氛围。

趣味小链接

在我们的日常聊天软件中，到底哪些表情包最受欢迎？我们一起看看吧！

腾讯发布了《2016 年 QQ 年度表情大数据》，其中显示，"龇牙"表

情连续五年排名第一，发送量达 303 亿次，"微笑""偷笑"表情进入前三，分别被使用了 150 亿和 130 亿次以上，"发呆""流泪"紧随其后分列第四和第五名，总数也都超过了 100 亿次。通过前五名的表情可以看出，虽然也会"流泪"，但如何"笑"依然是 QQ 用户心中的主题。

腾讯相关负责人分析，中国网民总体情绪是积极向上的，但有时候，网民面对特殊情况有苦说不出，转而使用发呆等表情来隐晦地表达情绪上的不满。

QQ 表情大数据还对 QQ 用户所发送的表达"喜悦"的表情进行了综合分析，加权算出全国不同地区的 QQ 用户幸福指数排行。曲艺之乡的天津排在榜首，天生幽默的天津人在生活中也是最快乐和幸福的。广东、上海、北京和四川紧随其后。

从年龄结构看，"龇牙"是老少皆宜的"万金油"表情，上到"70 后"，下到"00 后"，"龇牙"都是使用频次最高的表情。和"80 后""90 后"有较大区别的"00 后"，最常使用的五个表情分别是"龇牙""抠鼻""微笑""发呆""流泪"。作为中国最年轻的网民，"00 后"更爱流泪，使用眼泪表情的频率是所有年龄段中最高的。

从地域结构看，"龇牙"在各地区都是使用次数最多的表情。"龇牙"表情背后含义是礼貌、可爱、友好，已经成为各地网民统一的打招呼方式。不少 QQ 用户表示，在交谈时如果一时语塞，就会用"龇牙"表情来缓解尴尬。在全国各个省份中，内蒙古、吉林、黑龙江、浙江、江西、湖南、

第五章 网络流行语：只有我懂你说的话

海南、贵州、云南、甘肃、宁夏、青海的网民更喜欢使用流泪表情。相反，流泪表情并没有入选北上广表情使用前五名，不仅是在电视剧里，在网络上，北上广也不相信眼泪。

　　只要我们用得恰到好处，表情包也能给我们带来许多乐趣。我们的手机里还有哪些有趣的表情包呢？赶快和身边的朋友分享一下吧！

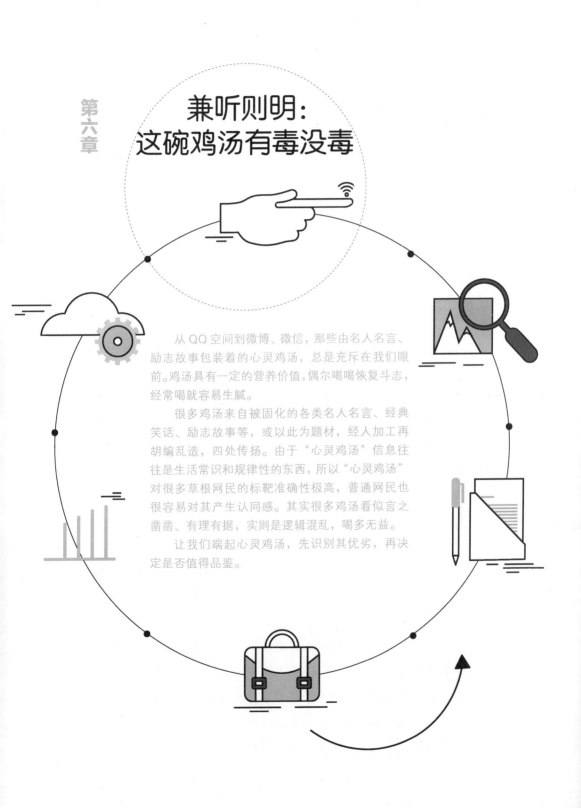

第六章

兼听则明：
这碗鸡汤有毒没毒

从 QQ 空间到微博、微信，那些由名人名言、励志故事包装着的心灵鸡汤，总是充斥在我们眼前。鸡汤具有一定的营养价值，偶尔喝喝恢复斗志，经常喝就容易生腻。

很多鸡汤来自被固化的各类名人名言、经典笑话、励志故事等，或以此为题材，经人加工再胡编乱造，四处传扬。由于"心灵鸡汤"信息往往是生活常识和规律性的东西，所以"心灵鸡汤"对很多草根网民的标靶准确性极高，普通网民也很容易对其产生认同感。其实很多鸡汤看似言之凿凿、有理有据，实则是逻辑混乱，喝多无益。

让我们端起心灵鸡汤，先识别其优劣，再决定是否值得品鉴。

第一节　来，干了这碗鸡汤

 听我讲故事 ··

心灵鸡汤励志故事一：爱人之心

这是发生在英国的一个真实故事。有位孤独的老人，无儿无女，又体弱多病，他决定搬到养老院去。老人宣布出售他漂亮的住宅。购买者闻讯蜂拥而至。住宅底价 8 万英镑，但人们很快就将它炒到了 10 万英镑。价钱还在不断攀升。老人满目忧郁，是的，要不是身体不好，他是不会卖掉这栋陪他度过大半生的住宅的。

一个衣着朴素的青年来到老人眼前，弯下腰，低声说："先生，我也好想买这栋住宅，可我只有 1 万英镑。可是，如果您把住宅卖给我，我保证会让您依旧生活在这里，和我一起喝茶、读报、散步，天天都快快乐乐的——相信我，我会用整颗心来照顾您！"老人领首微笑，把住宅以 1 万英镑的价钱卖给了他。

完成梦想，不一定非得要冷酷地厮杀和欺诈，有时，只要你拥有一颗爱人之心就可以了。

心灵鸡汤励志故事二：简单道理

从前，有两个饥饿的人得到了一位长者的恩赐：一根鱼竿和一篓鲜活硕大的鱼。其中，一个人要了一篓鱼，另一个人要了一根鱼竿，然后他们分道扬镳了。得到鱼的人就在原地用干柴搭起篝火煮起了鱼，他狼吞虎咽，还没有品出鲜鱼的肉香，转瞬间，连鱼带汤就被他吃了个精光，不久，他便饿死在了空空的鱼篓旁。另一个人则提着鱼竿继续忍饥挨饿，一步步艰难地向海边走去，可当他还未到达那片蔚蓝色的海洋时，就已倒下，虽然海洋就在不远处，但浑身的最后一点儿力气也使完了，他也只能眼巴巴地带着无尽的遗憾撒手人间。

又有两个饥饿的人，他们同样得到了长者恩赐的一根鱼竿和一篓鱼。只是他们并没有各奔东西，而是商定共同去找寻大海，他俩每次只煮一条鱼。经过长途的跋涉，他们终于来到了海边，从此，两人开始了以捕鱼为生的日子。几年后，他们盖起了房子，有了各自的家庭、子女，有了自己建造的渔船，过上了幸福安康的生活。

一个人只顾眼前的利益，得到的终将是短暂的欢愉；一个人目标高远，但也要面对现实。只有把理想和现实有机结合起来，才有可能成为一个成功之人。有时候，一个简单的道理，却足以给人深刻的生命启示。

心灵鸡汤励志故事三：给予

有个老木匠准备退休，他告诉老板，说要离开建筑行业，回家与妻子儿女享受天伦之乐。老板舍不得他走，问他是否能帮忙再建一座房子，老木匠说可以。但是大家后来都看得出来，他的心已不在工作上，他用的是软料，出的是粗活。房子建好的时候，老板把大门的钥匙递给他，"这是你的房子，"他说，"我送给你的礼物。"老木匠目瞪口呆，羞愧得无地自容。如果他早知道是在给自己建房子，怎么会这样呢？现在他得住在一幢粗制滥造的房子里！

我们又何尝不是这样。我们漫不经心地"建造"自己的生活，不是积极行动，而是消极应付，凡事不肯精益求精，在关键时刻不能尽最大努力。等我们惊觉自己的处境时，早已深困在自己建造的"房子"里了。把自己当成那个木匠吧，想想我们的房子，每天我们敲进去一颗钉，加上去一块板，或者竖起一面墙，用我们的智慧好好建造吧！我们的生活是我们一生唯一的创造，不能抹平重建，即使只有一天可活，那一天也要活得优美、高贵，墙上的铭牌上写着：生活是自己创造的。

这些心灵鸡汤故事，都是充满知识与感情的话语，柔软、温暖，充满正能量。心灵鸡汤是一种安慰剂，可以怡情，做阅读快餐；亦可移情，挫折、抑郁时，疗效直逼"打鸡血"。这也是"心灵鸡汤"风靡不衰的原因。那么是不是所有的心灵鸡汤都是有益的呢？下面我们就具体来了解一下。

● 心灵鸡汤为什么会盛行？

心灵鸡汤的源头，是由杰克·坎菲尔出版的《心灵鸡汤》系列图书的名字。该系列超过 200 种类别，许多书籍都是针对特定人群的，如母亲鸡汤、囚犯鸡汤、祖父鸡汤、祖母鸡汤、孩子鸡汤、父亲鸡汤等。心灵鸡汤传入国内后，《读者》《知音》等杂志都曾是人们追寻心灵鸡汤的"集散地"。[1]

《心灵鸡汤》推出后相当畅销。而受《心灵鸡汤》影响，一些励志性或者启发性的文章也被称为"鸡汤文"。有人说，人在社会中生活，面对残酷的现实，低迷的处境，我们不时需要励志的语言、细腻的情感来灌溉我们的心灵。

---

[1] 有多少伪心灵鸡汤你误喝了 [N] . 北京日报,2015 年 04 月 23 日.

鸡汤文之所以有市场，是因为当前快节奏的生活和无处不在的压力，促使人们偶尔需要这种激励味十足的"语言艺术治疗"。它迎合了人们内心的情感需求。其次，鸡汤读者往往带有很强的功利目的，很多人视之为人生指南，所以鸡汤文中难免混杂很多厚黑学的东西。它还有一个通用模式，即正面的过程，必然会导向一个正面的结果。事实上成功由很多因素决定，而鸡汤文大都过分强调某一片面因素，比如坚持、坚强、乐观，而忽略了其他对达成目标特别重要的因素。而且他人的成功并不一定能完全复制。

尽管温暖人心从本质上说没什么不好，但是现在很多鸡汤故事为了讲出个道理，不惜杜撰出一个故事来，故事的剧情对他有利就写出来，对他不利就不写。很不幸的是，这些故事表面振振有词，实则肤浅草率，所说的理经常还是歪理，如果是变质的心灵鸡汤，还会贻害他人。

●变质的心灵鸡汤不能喝

随着社交网络的普及，"心灵鸡汤"被批量生产，其味道也产生了变化。网络上不乏粗制滥造、空洞无味、拼贴剪辑、虚构编造的鸡汤文。有的鸡汤文甚至内置广告，以感情绑架甚至威胁的方式鼓动网友转发，以达到推广、吸粉等目的。一名微信公众号营销人士表示，这些心灵鸡汤的存在是一些公众号的营销策略，鸡汤文末会附上商业广告，不知情的转发者便成了广告免费的推销员。很多段子手与公众号炮制鸡汤文的最根本目的是圈粉，从而撬动背后巨大的利益板块。

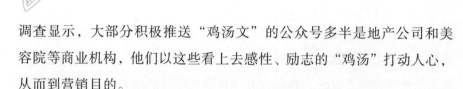

调查显示，大部分积极推送"鸡汤文"的公众号多半是地产公司和美容院等商业机构，他们以这些看上去感性、励志的"鸡汤"打动人心，从而到营销目的。

一些变质的心灵鸡汤往往有个特点：企图用一句话概括一个人生哲理，一个故事概括整个人生。其实很多人生道理，哪怕是一个平时看起来很细小的人生道理，我们通常都要经过"举例子（或者摆数据）""分析""得出结论"这样一个完整的循环过程。并且当你引入每一个新概念的时候，都要小心地审视前后逻辑，经过一个完美的逻辑演绎，最后才能把一个精彩的答案呈现给读者。

● 假冒署名的"伪名人鸡汤"要警惕

在社交化阅读时代，涌现出来的心灵鸡汤不少。一碗碗鸡汤端上桌，大家品得津津有味，可谁会知道其中很多都是假鸡汤，而"伪名人心灵鸡汤"更是其典型。

"你羡慕我的自由，我羡慕你的约束；你羡慕我的车，我羡慕你的房……我们都是远视眼，总是活在对别人的仰视里；或许，我们都是近视眼，往往忽略了身边的幸福……"这些署名"莫言"的鸡汤文，让很多网友果断点击，并在几秒钟内迅速转发，阅读量超过十万。

关于这些流传甚广的文字，莫言亲自否认"这些流传甚广的名言警句都非我所作，我向作者的才华表示敬意"。

很多打着名人旗号的微信都赢得了"100 000+"的阅读量，如"愤青派"的王朔、陈丹青，"温婉派"的张爱玲、林徽因、仓央嘉措，"励志路线"的马云，"全面选手"的白岩松等，都是心灵鸡汤的红人。他们"术业有专攻"，张爱玲、林徽因谈感情、谈爱情，马云专发职场商场励志文，白岩松则是教育、信仰、人生一锅端。但问题是，这些曾以他们为主角的微信鸡汤文大多都是冒牌货。

面对伪心灵鸡汤的大肆泛滥，一些反鸡汤的声音开始多了起来。无论是鸡汤还是反鸡汤，都需要我们有自己清醒的判断，保持独立的思维和逻辑。其实人们从来都不排斥真正的心灵鸡汤，只是由于迎合大众化口味、励志化包装、快餐式阅读，大量的心灵鸡汤被粗制滥造了出来。我们要拒绝的是那种不负责任、经不起推敲、由大量说理性和认知性文字垒砌起来的假鸡汤文。

●审慎对待心灵鸡汤

网络流传的一些伪鸡汤，既不论证，也不讲逻辑，更不做解释，只谈感情，更多的是带动人的情绪，引发人们情绪上的共鸣：啊，真是解渴啊！伪鸡汤实际上就是利用了现在人性的弱点：戾气丛生、矛盾丛生，人们迫切地需要心理安慰，而鸡汤正好迎合了这些人。

从本质上来讲，心灵鸡汤和我们看的虚构小说差不多——它满足的是人的欲望，而不是引人思考。甚至很多时候，披着营养外衣的伪鸡汤文宣传的是一种错误、扭曲的价值观和人生观。由此可知并不是所有带有励志色彩的文章都属于鸡汤文。

并不是说心灵鸡汤完全无意义，其实鸡汤文的流行，既是人在某个年龄阶段、某个特殊时期的特殊需求，也是一个群体在特殊时代的特殊产物，有激励人向上的作用，具有一种普遍性，但是如果真正要学习知识、人生哲理，应该谨慎对待心灵鸡汤为好。我们并不是说不要鸡汤，而是说需要什么营养成分的鸡汤。我们要喝味道纯正有营养的鸡汤，而拒绝假冒伪劣的毒鸡汤。

● 如何辨真假

警惕模糊焦点的伪逻辑。有些鸡汤文用大段大段具有煽动性的文字描述，让读者产生相见恨晚之感，其实除了心理慰藉外，其没有任何用处。比如这样一篇鸡汤文：一个人拿着一百块钱，站在广场上，看着身边人来人往，大喊："谁要这一百块钱？"话音刚落，人们便争先恐后地往前凑，伸着手说："我要！"然后拿着钱的这个人，将一百块用手揉了揉，又扔在地上用脚狠狠地踩了几下，再次捡起来，问："谁要？"大家依旧争先恐后地说："我要！"这个故事讲述了一个道理：不管你是被人抛弃，被人踩踏还是被人追捧，只要你是金子，你本身就有价值，你身上的光芒不会因困境而暗淡。

这个故事乍一听，很有道理。其实只是用个例来说明整体，断章取义，用隐藏部分事实的方法来让人相信。钱的价值是事实，但是人的价值却有相对性。不同类的东西没办法类比，也没理由类推。

因此，对于模糊焦点、断章取义、根本不具有类推性质的鸡汤，不值得相信与感动。

警惕推送鸡汤文的机构和单位。很多鸡汤文其实都是别有用心的人生编乱造的，他们通过微博、微信发布出去，博取点击量和粉丝量，吸引大家对商品的关注，最终实现盈利的商业目的。而更有甚者，为了扩大影响力，仰仗权威端出"伪名人鸡汤"。这些心灵鸡汤的功利性更强。如果稍加注意就会发现，推送、转发心灵鸡汤最积极的往往是一些房地产公司、美容院等。他们为了吸粉，达到推广商品等目的，不惜借用一些公众号进行营销。这类鸡汤文，一般在文末往往会附上商业广告，或者在文章中适时穿插商业产品，做隐形广告。很多段子手与公众号炮制鸡汤文的最根本目的是圈粉，从而撬动背后巨大的利益板块。不知情的转发者却成了免费的推销员。对于这类鸡汤文，我们首先要看推送机构或单位，其次一看到文章中有产品就要谨慎。

要拒绝让自己的脑袋成为别人思想的"跑马场"。德国哲学家叔本华有这样一句话："让自己的脑袋变成了别人思想的跑马场。"如果一个人对别人的话，不加怀疑、百分之百接受，那么自己就成了没有思想的人。很多人盲信漫天的伪鸡汤，就是因为思维训练不够。即便是很多成年人，也缺乏独立思考的能力。那种打着名人旗号、貌似有道理的假心灵鸡汤，很容易就能把他们征服。

国民整体知识素养相对比较欠缺，是造成简单化、鸡汤化的创作方式走红的一个重要原因。所以一方面我们要努力学习知识，读万卷书，行万里路，增长见闻，遇事思考，考量知识的实用性，把更多注意力放在知识性、趣味性、思辨性强的内容上，真正提升自己；另一方面，看到朋友圈或者亲戚朋友发送的伪鸡汤文，要礼貌进行提示，适时宣传科学知识，让身边更多的人遇事多思考，形成辩证看待问题的习惯。

我们听过、见过的"伪名言"还有很多，或许在被揭穿之前，我们都没怀疑过其真实性。所以面对各类心灵鸡汤和名人名言时，我们要擦亮眼睛。

2016年5月25日凌晨，105岁的杨绛与世长辞。杨绛先生去世的消息传出来后，网络上迅速掀起了纪念先生的热潮。其中，"杨绛语录"被网友以各种形式疯狂转发，一则据称是杨绛先生的百岁感言流传最广，还有各种手写体版本。

> 知识链接
>
> 先生：对知识分子和有一定身份的成年男子的尊称（有时也尊称有身份、有声望的女性）。

"我们曾如此渴望命运的波澜，到最后才发现，人生最曼妙的风景，竟是内心的淡定和从容。我们曾如此期盼外界的认可，到最后才知道，

第六章 兼听则明：这碗鸡汤有毒没毒

世界是自己的，与他人毫无关系。"

其中这则"杨绛百岁感言"是假"鸡汤"。

这则伪装的杨绛百岁感言，鸡汤味十足。实际上，早在2013年，人民文学出版社就对此事进行过辟谣："我们的责编跟杨绛先生本人确认过，这不是她的话，手写体的也不是她写的。"

据《杨绛全集》责编胡真才透露，杨绛先生生前曾说过，如果去世，不想成为新闻，不想被打扰。所以，还请大家停止传播这些假借杨绛先生之口的鸡汤文和照片。

其实，将一段不属于名人说的话安到名人头上，导致名人"被鸡汤"的现象，屡见不鲜。

2014年的一句流行语"今日你看我不起，他日你高攀不起"，网传这句话是马云说的。马云在微博上发言称："这句话真的不是我说的。"马云查了阿里巴巴上市时自己在纽约的讲话记录，发现并没有这句"名言"。

这些心灵鸡汤虽裹着名人的外衣，但终究是被揭穿了。但我们曾经"喝"过的那些心灵鸡汤又有多少是虚假的？有多少是有用的？有多少是我们真正记住并践行的？尝试着和身边的朋友展开一次辩论赛吧！辩题就是：心灵鸡汤到底该不该喝？

第二节　太"认真"你就输了

网络上有一篇点击率很高的文章《哈佛凌晨四点半》。

大致讲的是：凌晨四点多的哈佛大学图书馆里，灯火通明，座无虚席。配图如右所示。

文章最后以所谓哈佛图书馆20条训言收尾，其中有几条是这样的：

此刻打盹，你将做梦；而此刻学习，你将圆梦。

学习时的苦痛是暂时的，未学到的痛苦是终生的。

只有比别人更早、更勤奋地努力，才能尝到成功的滋味。

市场上以类似"哈佛凌晨四点半"命名的励志书，销量也很高。

难道哈佛学子真的如此熬夜苦读，很少休息？事实上，很多在哈佛念书的中国留学生早就指出了其中的谬误。

首先，这张广为流传的图片上的图书馆，根本就不在哈佛。哈佛所有的图书馆几乎都在零点前闭馆，只有一个叫作Lamont的图书馆24小时开放，而这家图书馆在考试季的凌晨四点实拍图见右。

第六章　兼听则明：这碗鸡汤有毒没毒

和鸡汤文相比，照片中的情形相去甚远。

有人在凌晨拍下的真实哈佛校园其实是这样的。

中国留学生们还认真询问过身边的哈佛同学，很多人都表示，自己不会在图书馆苦读到后半夜，也没看到或听说身边很多同学这么做，更不认为这有必要。

所以，在中国受到万众膜拜的"哈佛凌晨四点半"的情景，根本就不存在。

其实，努力并不是盲目延长学习或工作时间，认真提升工作效率才更重要。但是为什么网络上类似的故事总有人愿意相信呢？接下来我们就来谈谈"哈佛校训式的心灵鸡汤"。

●如何看待"哈佛校训式的心灵鸡汤"？

所谓哈佛校训式的"心灵鸡汤"之所以能够广泛传播，因为其具备社会心理基础，满足了许多人的心理诉求。

网络上随处可见鼓励学生刻苦学习的口号。这些苦口婆心的话语，首先满足了很多老师和家长们的心理诉求，也满足了很多参加各种考试的学生的心理诉求。过度强调刻苦学习的背后，有升学道路越来越窄的影子，有社会竞争越来越激烈、成功指标越来越高的影子，有热衷于喊口号、挂横幅的影子，当然也有应试教育的影子，而这些都是社会文化、社会心理的反映。

哈佛二字，透露出文化自卑，自卑就要向外寻求安慰、寻求认同。

学生天天念书熬夜到凌晨四点半，身体哪受得了？这种故事听起来本身就不合情理。但是为什么这个故事能在中国疯狂传播呢？根本原因在于"哈佛凌晨四点半"里面的场景，满足了国人对学习的想象。

对于很多人来说，学习的过程，就是一个不断接受痛苦和不断忍耐的过程，唯一支撑自己努力下去的，就是坚信付出的所有努力，最终必有回报，也就是所谓的"吃得苦中苦，方为人上人"。而且很多人只推崇一种接受知识的方式，那就是埋头于图书馆，拼命把浩如烟海的知识装入自己的脑中。

他们并不了解世界一流的高等教育学府是什么样子的，只是觉得连身边的孩子念书都念得那么辛苦了，那么世界一流大学的学生应该更努力，念书更刻苦吧。中国孩子们竞争压力大，为了提高成绩经常需要熬到深夜，那么想当然地哈佛学生就应该学习到凌晨四五点。

但是每天熬夜苦读真的是哈佛学子成功的秘诀吗？

当然不是。对哈佛学生来说，除了书本知识，他们还有很多东西需要在大学阶段掌握。除了读书，他们还会把大量时间和精力放在自己感兴趣的研究项目、课外活动甚至创业项目上。比如有人在念书期间，自学了将近二十门语言；有人创办了全欧洲最大的创业峰会之一；也有人

大一就上完了整个本科生涯的数学课程，然后开始给优秀企业打工；还有人启动自己的创业项目，没日没夜地打磨自己的产品雏形。他们熬夜，很多时候就是为了这些远远超出课业的工作，并且乐在其中。

也正因为如此，他们不会天天泡在图书馆，而是参加各种会议，组织各种活动，培养自己的领导力、判断力、团队协作能力和独立思维能力。这些能力往往需要跟别人辩论、碰撞和磨合才能获得。这样的学习方式，让他们和社会接轨得相当融洽，很快就能把自己的技能用到社会和企业中去。好的工作和前途并不是依靠死记硬背就能得到，也不可能光靠孤军奋战就能解决大问题，更不能靠一张满分的答卷就改变世界。

但是类似的鸡汤故事仍在网络上传播，依然受人狂热追捧，除了教育理念的滞后，缺乏思考与观察世界的视野也是其原因之一。我们看到这类心灵鸡汤，应审慎思考，避免偏听则信。

低谷时看看他人富有哲理的人生阅历、暖心的图片和鸡汤文字，可以让我们气血满满地快乐生活，但是对于那些充斥着煽动性的"鸡汤神话"，我们可以一笑了之。生活是自己的，除了仰望天空，还要脚踏实地，稳重前行。

仰望星空，能够时时刻刻给我们以定位，能够给我们一个合适又合理的环境。在我们合适的环境内，可以自由地舒展翱翔，而不至于折戟沉沙，头破血流。脚踏实地，能够给予我们充足的动力，能够给予我们前进的脚步。在脚步的轮回中，可以一点点缩减我们与梦想的距离，可以逐渐改变我们所处的位置和现状，可以为我们的下一个高度和远方积蓄应有的力量。

一起谈谈心

● "励志"的话语可能会有副作用

从心理本质上说，励志是要激发一个人的生命能量，方法是重复性暗示。现今那么多人对励志感兴趣，是因为现代社会竞争激烈，每个人

在成长、生活、工作中都不可避免地会遇到一些困难和挫折，经历多了，心情难免低落，难免感到悲观。我们在成长过程中，难免受到父母及老师给予的很多要求的约束，有时也压制了我们的基本表达。

中国的养育模式是广泛的、全民性的，于是太多的人进入成年后需要"励志"，希望通过励志帮助自己释放一直被压抑的本我。社会上各种刺激我们的信号越来越多，比如别人有钱、别人有名，这些都会刺激欲望。刺激欲望会引起焦虑，焦虑会让自己不舒服。励志学说告诉我们，只要够励志，就可以实现我们的梦想，满足我们的愿望，就可以不再焦虑、不再难受了。于是，励志就被焦虑的民众当作致富秘诀而被追捧。

从效果上看，恰当的自我激励确实可以促使人增加生命的热情、进取心、行动力。

有时候恰当的心理暗示确实可以达到影响一个人行为的效果。但恰当的心理暗示应有两个特点：一是暗示要在相信的基础上才有效果，暗示改变不了不相信。"谎话说一千遍便成事实"，这是在听者并不知道是谎话的前提下才能实现。二是暗示不应该作为兴奋剂。所谓发掘潜能要在身心能够承受、能够支撑的前提下，超过正常程度的过分发掘，结果往往是负面的。比如长时间、高负荷学习后，大脑与身体已经极度疲惫，

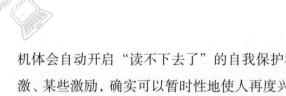

机体会自动开启"读不下去了"的自我保护程序，这时如果通过某些刺激、某些激励，确实可以暂时性地使人再度兴奋起来。但是如果类似"兴奋剂"长期持续发挥作用，可能会导致脑神经衰弱、强迫性思维等身心病症的慢慢形成，类似案例在日常心理咨询中委实太多了。

●喝"心灵鸡汤"不如提升认知、完善价值观

鸡汤有一定营养，对特定人群在特定时段有好处，比如老幼病残孕的疗养时段。但鸡汤只能是特定时段的滋补，不能作为长期主食，一个人只喝鸡汤不吃主食，会营养失衡。心灵鸡汤能够在某些时段、某些情境下促进人思考，对特定人群有启发性或激励性的好处。但心灵鸡汤只能作为促进剂，不能构成一个人认知、信念的主体。

现在许多人现有的认知体系、信念体系、价值观体系存有问题，换言之是人格体系存在不足。因为这些不足，导致在社会上行走时遇到许多不顺利、不如意，于是希望通过心灵鸡汤来安抚自己，或是改变自己的不顺利、不如意。

但是一个人的认知体系、信念体系等人格系统，是在长时间里逐渐形成的，如果它们存在不足，也需要在长时间内逐步做调整才能有所改善。希望通过心灵鸡汤快速、简便、高效地一夜之间将其完善，其本身就是不现实的。

●鸡汤犹可信，盲从不可取

比如一个古老的英文鸡汤段子说：如果字母 A ~ Z 对应数字 1 ~ 26，那么知识 knowledge 各字母相加的总和是 96，而勤奋 hardwork 各字母相加的总和是 98，这两者都很重要，但还没到 100%（不知道为啥就变成百分比了）。只有正确的态度 attitude 各字母相加的总和才是 100。因此，跟知识和勤奋相比，态度才是最重要的。

这就是最典型的心灵鸡汤式的文字。并不是说态度不重要，但是过分强调态度、坚持的重要性，对成功路上的方法、途径完全不提及，会给人造成一种误解，只要态度好就可以成功。用最简单粗暴的手段灌输成功的法则，最可怕的是逻辑离谱得令人发指。

所以通常伪"心灵鸡汤"都有如下一些特点：语言模糊不清，在理解层面上有多样性；案例大多是捏造的或者统计不具备统计学价值；没有成体系的思考，更缺乏指导意义；语言直白、接受门槛低；大而化之，喜欢将复杂的问题简单化；过于强调实用，但是对思辨性强的内容不感兴趣；动辄打着名人名家的旗号大肆宣传。

面对这些伪文，我们要有免疫力，看到了，一笑了之。要有自己的判断力与调查真相的意识。即使鸡汤犹可信，但盲从不可取。其实激励不一定非要利用鸡汤，自己主动奋斗，胜过一切假鸡汤甚至真鸡汤。打铁还需自身硬，只用鸡汤做自己的精神鸦片，让鸡汤告诉自己奋斗与坚持的重要性，不如自己在生活中领悟，从现在开始努力。

趣味 小链接

好多励志故事我们都没有仔细想过，事实真的是像故事写的那样吗？实践出真知，有时光听、光看是不够的，我们还要想、要做。

鸵鸟心态

我们听过的版本：当大漠中的鸵鸟遇到危险时，它总会把头埋在沙堆里，以为自己看不见就安全了。于是鸵鸟心态产生了。这是个消极的词语。

寓意：形容遇到问题消极逃避，自欺欺人。

事实是：鸵鸟确实会在土里挖洞，给自己的蛋做个窝，偶尔探头瞅瞅窝里的蛋。而真正遇到危险时，鸵鸟的第一反应是以70公里的时速奔跑，而不是把头埋进沙子里。如果逃不了，战上三百回合也无妨。一只发狂的鸵鸟甚至可以战胜一只成年雄狮。

老鼠制服大象

我们听过的版本：大象是陆地上最庞大的动物，它不害怕任何猛禽巨兽，唯独害怕弱小的老鼠，因为老鼠能在短时间内钻到大象的耳朵和鼻子里，从内部化解敌人。大象虽庞大，面对自己的敌人都是以身体的庞大而取胜，但是在老鼠身上就失效了。它们势均力敌，谁能获胜，就得看智慧。

寓意：四两拨千斤，以智取胜。

事实是：在罗马时期大象曾被送上战场，它们因为惧怕猪的号叫声而逃走，这才产生了关于大象害怕老鼠的传说。在动物园里，如果真有老鼠敢钻到大象的鼻孔里，大象一个喷嚏就能送它飞上天。

事实和故事往往是有差距的。我们不能总是期望别人告诉我们成功的方法和道路，不能盲听盲信，每个人都是不一样的，个体的成功案例并不适用于所有人。我们要自己去探索适合自己的道路。

第三节　给你一剂科普贴

听我 讲故事

2011 年 3 月 11 日，日本发生核泄漏事故。大众为了防止核辐射扩散对健康有可能带来的不利影响，于是争相抢购碘盐、碘片等预防性物品。

那么"碘盐预防核辐射"是真的吗？

防核辐射最有效的方法是每天服用一片碘片，因为每片碘片中含有 100 毫克的碘。宁波市环境监测中心辐射监测室主任认为这一说法非常荒谬，根据卫生部的规定每公斤食用盐中碘含量不低于 20 毫克。市民完全没有必要预防服碘，更没有必要盲目抢购碘盐。

给受辐射污染的人服碘药片是为了抵抗放射性物质碘 131 进入甲状腺。碘盐里所含的碘是极其微量的，起不到抵抗放射性物质的作用。吃碘药片必须是在受到污染危害之后，在医生的指导下服用。正常人大量服用碘片无益，甚至会对身体造成不必要的损伤。尤其是甲状腺功能亢进的患者服用碘片后会对甲状腺功能造成很大的影响。孕妇及哺乳期女性也须慎用。

从医学角度来看，服碘片是为了预防放射性物质碘131进入甲状腺。当核污染来临时，服用大剂量碘片可以让甲状腺充盈，此时放射性物质就很难袭击甲状腺。但目前从权威部门发布的环境、气象信息来看，我国没有受到核辐射污染，也没有到服用碘片来预防核辐射的阶段。由于碘不容易在甲状腺内积聚，短时间内就能排出体外。因此服用碘片，没有任何作用。

核辐射对于海水的影响，仅限于距离非常近的区域，且浓度要达到非常高的程度。"海水中本身就含有放射性物质，日本核电厂泄漏的核辐射想把这么大量的太平洋海水污染根本不可能。""而且，日本东南沿海比较大的一股暖流是日本暖流，由南向北走，不会绕过日本岛到中国洋面。"

我们在网上还看过好多类似的信息，例如："碘盐预防核辐射""乳饮料含肉毒杆菌可致白血病""指甲上的月牙是健康的晴雨表""微波炉加热食品会致癌""吃樱桃会感染禽流感""孕妇不穿防辐射服致流产"等等。这些耸人听闻的信息，都已经被证明是网络谣言。这些谣言伪装得让我们难辨真假。

社交媒体上时常流行着一些打着科普旗号的文章，实则却是混淆视听的谣言，信之无益。网络谣言为了达到传播目的，经常会采用如下伎俩：

移花接木。移花接木就是故意拼凑事实，运用P图、事实嫁接、视频剪辑等手段达到造谣骗人的效果。许多民众关心的重要事件，因为事实信息相对模糊，导致谣言大肆横行。如：2016年夏季多地水灾频发，7月一条"武汉特大洪水引发泥石流"的视频在网上疯传，一时间人心惶惶。经查证，此视频是2015年6月新疆伊犁昭苏县暴雨引发的泥石流。该视频除被移花接木为"武汉洪水现场"外，甚至还一度被传为"湖南洪水现场"，引起群众的恐慌。

增加细节。有些信息原本比较简短，也比较模糊。但在传播中，造谣者对其添油加醋，增加新细节。传谣者有意无意地加入想象，使谣言变得更丰满，吸引眼球。比如：某地一位三岁男孩走失。网络谣传小孩被抢，器官被卖。传播过程中细节不断增加。小孩被传为五岁女孩，地点发生在快餐店门口，人贩子还开着汽车，之后又说汽车是黑色的，还有车牌号码与人贩子的面貌描述。细节被不断丰富，活灵活现。同样的故事，同样的细节，在家长圈子当中迅速扩散，发生的地点却在不断变化，许多家长都不敢让孩子出门了。幸运的是警察迅速破案，找回丢失的男童，谣言不攻自破。

夸大危害。"宿便是健康杀手""辣条致命""蔬菜根部致癌"……这些看似为我们健康着想的科普贴，如果我们信了，足以引起我们的担忧和恐慌。很多人抱着"宁可信其有，不可信其无"的心理，不但自己相信，还不断借助网络向外扩散。造谣者利用

但是，新的问题又来了

人们趋利避害的心理，往往选择与生命、健康、生活密切相关的议题来误导民众。"鸡蛋黄的胆固醇含量高，所以吃鸡蛋的时候不能吃蛋黄""惊现棉花制的肉松""白头发会越拔越多"等，越有危害性的话题，越容易唤起大家的关注与传播。间隔这些疯传的谣言中，出现频率最高的词语往往是"致癌""致命""秘方""赶紧转发""太可怕"等，不断夸大危害，危言耸听。

断章取义。谣言的公式中，有个要素是模糊性。信息的不对称是形成模糊性的原因之一。造谣者利用专家与公众之间的信息不对称，对科学理论断章取义，蛊惑视听。如近年来网上传播的"辐射导致孕妇流产"，就被证实是对一些研究结论的故意歪曲，同时也与"孕妇最好穿戴防辐射服"的商业宣传有关。孕妇穿辐射服的依据主要来自 1988 年 6 月美国三位医生在《美国工业医学杂志》上发表的一篇论文。论文指出："通过大量实验，发现在怀孕头三个月每周使用电脑超过 20 小时的孕妇的

流产率比不接触的孕妇高。但研究结果并不能证明非电离辐射与流产率提高之间有直接联系，较差的工作条件和较高的工作压力也是可能的因素。"某些经营者断章取义，只选用结论的前半段，不断夸大电脑辐射对胎儿的影响，用于推销各种"防辐射服"。但是这些宣传材料无一例外地自动忽略了原文作者的后半段话。2013 年 12 月 2 日，央视"真相调查"针对防辐射服进行了专门实验。实验表明，孕妇穿防辐射服作用微乎其微，甚至当面对多个辐射源时，不仅没起到防护作用，反而会让防辐射服内的辐射强度变大。

谣言的计算公式最早由美国社会学家 G. W. 奥尔波特和 L. 波斯特曼于 1947 年提出：R=I × A。中文翻译为：谣言的杀伤力 = 信息的重要度 × 信息的不透明程度。后来国内学者郭小安结合中国特定的现实，对谣言的计算公式和要素做了如下修正：

谣言 =（重要性 × 模糊性 × 敏感性）/（官方权威性 × 公众理性）

从这个公式中，我们可以看出，谣言与事件本身的性质有关，还与信息公布的权威性与公众的理性有关。事件越重要，人们越关心，越想了解到底发生了什么事情。下面我们就一起运用这个公式来分析网络谣言的惯用伎俩，练就一双识破网络谣言的火眼金睛。

首先，我们在看到"骇人听闻"的信息后，先保持理性，看看信息的出处是不是来自权威部门，比如中央电视台、重庆电视台、人民日报、新华社等，如果只是转发的网帖，没注明明确的出处，这条信息的可信度就要大打折扣了。然后我们再搜索一下信息中的关键词，了解一下当前权威媒体针对该事件的报道情况，如果权威媒体根本没报道过，我们就要避免当谣言的传声筒。

比如，朋友圈曾流传这样的话：今天早晨 8 点 43 分，在重庆西南医院 5 名感染 H7N9 病毒的患者死亡，最大的 59 岁，最小的 16 岁，参与抢救的医生已被隔离，中央一台电视新闻已播出，暂时别吃鱼、凉皮、冷面类、酸菜，特别是草鱼、酸菜鱼、鸡、鸭、水煮鱼。目前有 3167 人已感染，万盛有 1 例，江津 2 例，永川 3 例。收到马上发给你关心的人！！

当我们收到这样的信息，难免会紧张，但是如果在网上利用关键词的方式进行搜索，我们马上会看到：

近日河南登封市市医院：昨天凌晨二点二十三分，三名患者感染 H7N9 病毒死亡，最大的 32 岁，最小的 5 岁，参与抢救的医生已被隔离，中央一台电视新闻已播出，暂时别吃鸡、鸭、鱼、凉皮、冷面类、酸菜，特别是草鱼、酸菜鱼、水煮鱼，目前大连有 31 670 人已感染。收到马上发给你关心的人，最好是群发。为了您的健康，请转发！暴雨水污染严重，少买鱼吃！

河南登封市市医院官方对上述信息进行了辟谣，所谓感染 H7N9 病毒死亡系谣言，请广大网民不信谣，不传谣！

几天后，又有雷同的信息出现在许多广西网友的朋友圈。

广西贺州市贺街医院：昨天凌晨二点二十三分，三名患者感染 H7N9 病毒死亡，最大的 32 岁，最小的 5 岁，参与抢救的医生已被隔离，中央一台电视新闻已播出……

类似的信息，换个地点，细节竟然如此相似。登封市医院、广西贺州市贺街医院都已经针对该信息进行了官方辟谣，澄清谣言。其实这样耸人听闻的信息，动动手指搜索一下，稍加理性分析，就可以发现它是谣言。而且这类谣言为了达到骗人的目的，把"中央电视台"几个字都加进去了，就是为了让大家相信，其实网上一查就知道是子虚乌有的事情了。有的视频还采用 P 图的方式，把电视台的 logo 粘贴到视频上，或

弄一个很像的 logo，真是无所不用其极啊！我们要擦亮眼睛。

其次，以信赖为基础、以关心为外衣的谣言常在朋友圈传播。面对致癌身亡、假装权威、用数字夸大断言、配图营造"眼见为实"、诉诸恐惧的生活谣言，我们首先要查看其是不是陈年旧帖改头换面后的再传播。其次查看信息来源和出处，如果证据来源不明、只为博取点击率、出售广告、专业性不强、数据不客观，基本可以判定为谣言。

另外有些看似科学有理，实则经不起推敲的谣言，常常借助科学外衣，断章取义，摇身一变成为所谓的"科学贴""福利贴"，混淆视听。而且为了表示关心，常常在文字结尾要求人们"马上转发""请告诉你身边的人"，我们也可以基本判断其为谣言。这样的例子比比皆是，大家一定要小心识别。

公众科学理性的提高、政府迅速及时的应对、真相快速有力的回击、媒体正确合理的引导，对于破解谣言和谣言的自我净化都具有重要的作用。

趣味小链接

我们的朋友圈或者微信群中曾出现过许多类似的科普贴，我们曾相信过这些披着科普贴外衣的谣言么？

微信朋友圈一直是"真实与谎言"并发的地方。每年各种不靠谱的消息在朋友圈流传。

谣言 1：儿童守护站类谣言

欺骗指数：★★★★★

内容：请告诉您的孩子，在外面找不到爸爸妈妈的时候，去任意一家银行坐下，告诉工作人员找不到家人了，工作人员就会为他联系。10月1日起，全国银行正式成为中国失联儿童安全守护点……

真相：经证实，全国银行系统并未发布此类通知，银行网点也没有能力提供相关服务。此前还流传着各种儿童守护点的版本，比如公交车站、某连锁企业门店、书店、药店等，但最终都被证实为谣言。

谣言 2：偷卖儿童类谣言

欺骗指数：★★★★

内容：从三亚来了100多个外地人，现已经到了浙江附近，专门偷抢小孩，今天这一带已丢了20多个，解剖了7个小孩的身体，拿走器官……

真相：这一传言有多个地点版本，包括重庆、中山、大连、陆丰、陵水等地，而同一事发地也有不同案发版本。经各地警方证实，从未接到此类警情，也没发生过此类案件。

谣言 3：食物相克类谣言

欺骗指数：★★★★

内容：通知：医大已经死17人。友情提醒：最近医院急诊的患者比

较多，大都是蘑菇中毒，蘑菇不能和茄子一起吃，会中毒，用水焯蘑菇的时候放大蒜，如果大蒜变色了，就有毒，不可食用。而且蘑菇和小米、大黄米千万不要同吃。

真相：经媒体向医生求证，蘑菇和茄子、小米、大黄米同吃会导致中毒甚至死亡的说法缺乏科学依据，只有误食毒蘑菇后才会出现中毒的症状。

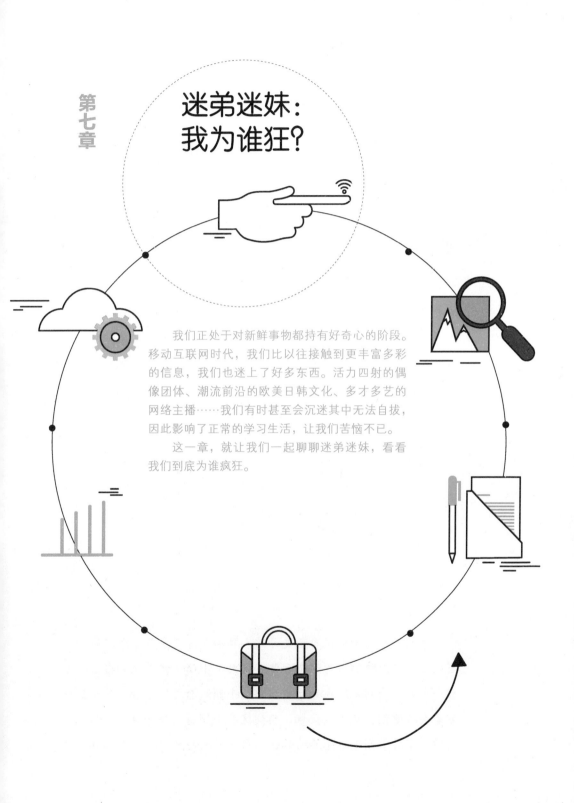

第七章

迷弟迷妹：
我为谁狂？

我们正处于对新鲜事物都持有好奇心的阶段。移动互联网时代，我们比以往接触到更丰富多彩的信息，我们也迷上了好多东西。活力四射的偶像团体、潮流前沿的欧美日韩文化、多才多艺的网络主播……我们有时甚至会沉迷其中无法自拔，因此影响了正常的学习生活，让我们苦恼不已。

这一章，就让我们一起聊聊迷弟迷妹，看看我们到底为谁疯狂。

第一节 你是"死忠粉"还是"路人粉"?

听我讲故事

　　小娟正读初二，成绩优异，听话乖巧，一直是班级前十名，也是老师同学眼中标准的"乖乖女"。平时小娟总喜欢看各种综艺节目，课间也喜欢与同学聊聊节目中的情节、明星们的穿搭。渐渐地小娟喜欢上了一个男子偶像团体，说他们是自己的"爱豆"。

　　小娟总跟同学们说自己是"路人转粉"，而且是"死忠粉"，还热心地跟同学们推荐这个团体。这天，小娟从网上得知自己的爱豆一个月后要到她所在的城市演出，小娟激动得睡不着，脑子里计划着去给他们买礼物、接机，想到这些小娟简直高兴得要飞起来。放学回家后小娟也不急着写作业，第一时间打开电视、电脑寻找爱豆的信息，为这事儿跟妈妈起过几次争执，小娟总说："妈妈，你不懂！时代不同了，我们现在跟你们以前不一样！"

这一个月，小娟几乎把所有的精力都花在准备迎接爱豆上，上课根本没心思听讲，连这个月的月考她都没认真复习。月考成绩出来了，小娟竟有两门考试没及格，这完全出乎老师和同学们的意料，连小娟自己也不敢相信。课间班主任将小娟叫到办公室询问情况。小娟把情况如实告诉了老师，包括为了爱豆跟妈妈吵架的事情。老师告诉小娟："有自己的偶像本来不是坏事，但是小娟，你的处理方式不正确。首先，妈妈是出于爱你才会那么关心你，你却那样说话伤妈妈的心；其次，真正值得喜欢的偶像一定是能给你带来正能量的，不仅仅是看颜值而已；最后，什么事情都要把握好度，有主次之分。你现在的主要任务是学习，追星不是不可以，但要把握好度，不能占用过多学习时间，更不能影响你的生活。"从办公室出来，小娟才醒悟自己过去这段时间有点太过疯狂，失去了自己喜欢他们的初心，最开始她是被他们的努力和坚持打动，她喜欢和欣赏的正是他们的这种正能量。小娟决定也要像他们一样为梦想努力，现在先做好自己该做的，好好学习，积攒能量，等待着有能力实现梦想的那一天。

一定要跟爱豆一样，向着自己的目标努力！

小娟被"爱豆"为了实现梦想不断努力和坚持的决心所吸引，这样的正能量感染着小娟积极向上。拥有自己的偶像，成为一个迷弟或者迷妹，这不是一件坏事。我们不能小看榜样的力量，一个充满正能量的偶像也许会是我们人生中的一位良师。接下来就让我们一起聊聊"迷弟迷妹"那些事儿，看看如何理性地为自己的"爱豆"加油打气。

● "粉丝"是什么？

有这样一群人，他们爱偶像胜过爱亲人、爱自己，他们为了心中喜爱的明星而疯狂，花费金钱、精力甚至搭上性命也在所不惜，这些人统称"粉丝"（英文 fans 音译）。

● 迷弟迷妹

说到追星行为，这可不是"90后""00后"才独有的。"70后""80后"也经历了为偶像疯狂的年少时期。只是大多数"70后""80后"随着年龄的增长已经逐渐退出了追星的队伍，对于偶像的喜爱也更为理性。目前"90后""00后"已慢慢成为"迷弟迷妹"的主力军。追星行为似乎与青春年少、懵懂悸动有着某种关联，前辈们都曾年少过，那些年他们也有一起追过的星。

"70后"睿智成熟，已是当今社会的生力军，但他们却是娱乐偶像光环下较为理性、含蓄的一代。"70后"粉丝说起心中的偶像，已经很少会激动不已、满面红光，但那种感觉深深久久、清清悠悠在他们心中挥散不去，那是带着他们青葱岁月的回忆，曾经的偶像、偶像的贴纸、手抄歌词本是他们现在怀旧的话题。

"80后"的粉丝是多情善变的。较之"70后"，他们更加多情多变，从四大天王到F4，随着明星更迭频率的加快，他们的偶像也变更频繁。在浩荡的粉丝大军中，他们理性、热烈、较真。

"90后""00后"粉丝对偶像痴迷、狂热，是百分百地认真和投入。这群小粉丝们正处在身心发育的关键时期，还不懂得如何去甄别娱乐新闻与小道谣言，于是他们最为较真也最为激烈，他们以最不可挡的气势倒向自己的偶像这边捍卫自己偶像的一切。

现在，追星已经成为一种普遍的潮流。这种潮流不是成年人的专属，青少年是追星主力军，我们往往耗费着大量的时间和精力收集明星的资料、图片、海报，关注他们的社交媒体动态并积极地与他们互动，乐此不疲。

那么我们如此狂热地崇拜偶像的原因是什么呢？

● 我们为什么"着迷"？

慕拜心理。我们所喜爱的偶像，男性大多阳光可爱、英俊潇洒，扮演的角色也多是些侠骨柔肠、有情有义的侠士；女性则美丽大方、温柔善良，扮演的角色也多是些娇媚可人、温婉动人的窈窕淑女。这让处于青春期的我们羡慕、崇拜、内心萌动甚至疯狂迷恋。

从众心理。在我们当中，身边同学、朋友追星的现象较为普遍，以致聊明星的花边新闻成了我们的课间话题。本来没多大兴趣追星的同学，为了不被视作"奥特曼"，为了能融入更多小伙伴的群体，为了能跟更多同学有共同话题，也自觉不自觉地入了追星的坑。

> **知识链接**
>
> "奥特曼"，英文 out man 的音译，用来指过时的人，跟不上潮流的人。

时尚心理。追星在我们不少人看来是件时髦的事儿，至于有没有道理、有没有价值，何必管那么多？只要有"星"可"追"就足够了，这样才显得我们够时尚、够入流。

● "死忠"好还是"路人"好？

追星到底是好事还是坏事？不追星的人难以理解追星族的狂热，称他们为"脑残粉"，其实许多追星族也只是普通的学生，只是普通的他们恰巧喜欢上了不普通的人——明星。我们拥有自己喜欢的偶像，并在某些方面追逐他们，这不是一件坏事。喜欢偶像这件事本身没有什么可被指责的，只是有些行为过于极端，进而影响了我们和他人的生活，这才是不对的。

> **知识链接**
>
> 1. 死忠粉，指对喜欢的偶像死心塌地的粉丝。
> 2. 路人粉，指对这个偶像一直有好感，但没有正式入坑，偶像的作品有时会看看，消息动态也会附带关注一下，和粉丝圈没有多少交集。

我们当中有的人选择做某偶像的"死忠粉"，是因为疲劳的时候听听他的歌，可以缓解劳累；不高兴的时候看看他的视频，可以让我们心情开朗。我们中有的人本来成绩不怎么好，因为有了正能量的偶像，才学会了为自己的目标奋斗；还有那些本来性格挺内向的同学，因为有了自己的偶像，认识了很多同为追星族的人，也慢慢地敞开了自己的心扉。

当然，我们当中也有选择静静地当一个"路人粉"的同学，因为我们看了太多因为追星而行为过激的例子。比如：为了攒钱买偶像的最新专辑不吃早餐，结果低血糖晕倒；为了维护自己的偶像贬低别人的偶像，甚至引发争执影响同学之间的友谊；还有的同学每天都沉浸在大堆永远也说不完的明星八卦中，花大量时间追看电视剧，影响了学习成绩。

一起谈谈心 -

我们追星是因为我们正处于自我发现和自我确立的时期，需要一个参照物，光鲜亮丽的明星往往是我们理想自我的载体。我们正处于好幻想的时期，当自己的很多想法无法实现时，就借助偶像的崇拜来达到心理的平衡和补偿。所以，追星对我们来说是一种正常的心理需求和行为表现。拥有喜欢的偶像本身并不是一件坏事，但是我们需要了解自己喜欢的偶像是不是真正值得欣赏和崇拜，更要学会如何正确积极地去喜欢自己的偶像，别因为盲目地追星而打破自己原有的生活轨迹，影响自己和他人。

● 我们应该怎样理性"追星"？

我们除了追星之外，更多考虑的是我们该如何去追星，才既不会影响生活、学习，也不会给自己和别人带来不必要的麻烦。做个理性的"死忠粉"，把握追星的分寸，为此我们要尽量做到以下几点。

控制好自己，不盲目追星。我们所崇拜的偶像应该是真正值得我们崇拜的，他（她）具备真才实学且技艺超群、努力向上、传播正能量，他（她）应该能震撼我们的心灵，而不是徒有其表。不要花大量的时间和精力在追星上，因为追星只是生活的调味品，也没有什么可炫耀的，它不能成为我们和他人的矛盾点，更不应该成为我们生活的全部，只把追星当作紧张忙碌学习之余的一个稍适放松的方式就好。我们的生活应该更加精彩！

要根据自己家庭的实际情况考虑追星的经济承受能力。不要为了购买偶像的周边产品而盲目攀比，我们对偶像的喜爱程度并不一定要通过疯狂购买他的周边产品体现出来，默默支持偶像的作品，看到他的进步，在他背后默默支持他，也是不错的方式。我们都还在读书，生活费都由父母提供，我们更不能肆意地不考虑自己的实际情况为父母徒增烦恼。

不要因为追星影响自己的生活，给家庭或朋友带来烦恼。喜欢偶像是我们自己的选择，我们不能强迫所有人都理解支持，更不能因为追星而对我们正常的学习生活产生消极影响，更不能因为追星与家人和朋友产生矛盾，影响亲情和友情。

摒弃狭隘心态。我们所崇拜的偶像有同有异，不能因为偶像的不同，就对别的同学持排斥甚至敌对的态度，也不能因为别的同学不认同我们的偶像，而心生不满，应该求大同存小异。要用开放的心态对待世界，明白每个人都有自己的喜好，花开两朵各表一枝，不能以我们个人的好恶和标准去要求他人，要允许别人对自己偶像有不同的看法。抛弃狭隘、拥有包容心态才是理智追星。

从偶像身上吸取积极的人生经验。追星只是我们一段时期的一段经历，不同时期会喜欢不同的偶像，一个偶像可能会喜欢一年、三年、五年或者更久，但不要在追星中失去自己，因为我们最

终只能成为我们自己，只有自己才是值得我们永远崇拜的偶像！

当粉丝，其乐无穷；当粉丝，可以释放内心的郁闷；当粉丝，有了人生的楷模和追求目标。但是切记，喜欢他的作品和喜欢他的人要区别开来，做他的歌迷和做他的追随者要区别开来，偶像可以追，但自己也要好好生活。不管是明星还是普通人，生活都是自己的，没有任何必要为别人去影响自己的生活甚至去寻死觅活。

江苏卫视主持人孟非总结的如何理性追星的两条检验原则可以供我们参考：第一条，你通过对他的喜欢，你的生活是变得更好了，你自己更快乐了，更积极了；第二条，你没有去打扰妨碍对方的生活。如果这两条你都有肯定正确的答案，那么你的行为无可厚非。

做做"迷弟迷妹"趣味小测试，看看你迷他／她到什么程度。（选择答案 1，记 1 分；选择答案 2，记 0 分）

（一）你会为了他／她的见面会横跨大半个中国吗？

1. 我要去看偶像。　　　　　　　2. 太远了，下次吧。

（二）所有和偶像相关的周边，你都会买一堆吗？

1. 买买买！　　　　　　　　　　2. 这得看有多少零花钱。

（三）网络上有人"喷"偶像，你会怎么做？

1. 必须"喷"回去，来战！　　　2. 淡定，免不了的，不能要求所有人都和自己的喜好一样。

（四）偶像要结婚了，你会怎么做？

1. 心想：妈呀，我失恋了！　　　2. 当然选择祝福他（她）。

看看你得了几分：

4 分：疯狂迷恋。身边人都知道你有一个"对象"。看到偶像就会像老虎看到肉一样扑过去。

2～3 分：花痴。说到偶像眼都直了，口水直流，两眼放光，说的就是你！

1分：默默喜欢。看到爱豆就脸红到不行，但也不过是默默喜欢，不会做出特别热情的举动。

0分：淡定的路人甲。好吧！追星跟你没什么关系，默默地做一个吃瓜群众吧。

如果是"疯狂迷恋"或是"花痴"的朋友们注意哟！有一个出色的偶像是很美好的一件事，但一定要记住：离他/她的作品近一点，离他/她的生活远一点，我们都拥有自己的精彩生活！如果能有一个出色的偶像作为榜样，也许能为我们的生活增加一剂调味品；如果没有崇拜的偶像也没关系，这并不能说明我们过时或不合群，我们只是更关注自己的生活。有或没有，这两者都不影响我们追逐自己想要的生活！

第七章 迷弟迷妹：我为谁狂？

▶ 第二节 跨越国界迷上你

听我 讲故事 ....

　　小文是个"哈韩族"，平时最爱追韩剧，"剧龄"已经有三年，韩语里基础的问候寒暄、自我介绍、常用词汇都自学了不少，通过看韩剧对韩国的文化也有了一些了解。但是妈妈不太支持，总说小文看些没用的东西浪费时间，没把精力放在学习上。

　　周末小文跟妈妈一起去奶奶家吃午饭，一到奶奶家小文跟奶奶打了个招呼就打开电视追韩剧。奶奶问小文最近学习怎么样，小文敷衍地回答："就那样儿。"奶奶看着电视，半天也没听懂说的什么，就又问："文文，这是哪国人呀，我怎么一句也没听懂？"小文看得正起劲就又敷衍了一句："哎呀奶奶，这是韩剧。"奶奶看小文不愿多聊就进了厨房。中午奶奶做的全是小文爱吃的，小文吃得特别高兴，但是奶奶好像不怎么高兴，没说几句话，饭也没吃几口。下午小文跟妈妈就回家了。

　　走到门口时有一群人围在一块，小文和妈妈准备上前去看看。走近发现原来是一个韩国友人迷路了，到处找人问路，又没人听得懂。小文听了一阵，终于听明白他好像是跟朋友约好在人民公园见面，但由于手机没电了，又不认识路，下车后就迷路了。小文犹豫了一会儿，怕自己从韩剧里学的韩语太蹩脚，不敢说，但看那个韩国友人那么着急，小文就鼓起勇气，虽然说得不连贯，但那位韩国朋友却听懂了，还跟小文道谢。小文得意地跟妈妈说："妈妈，看，我看韩剧不是完全没用吧！"
妈妈叹了口气："是，是有用！
但你今天因为看韩剧，学了几
句韩语帮了韩国友人，却把奶
奶给忽略了！"小文这才反应
过来，奶奶今天饭桌上的反常
是因为自己。想到这里，小文
扭头就往奶奶家跑，她得回去
跟奶奶道歉，哄奶奶高兴。

　　一进门小文就看见奶奶坐
在沙发上看着她刚刚看的韩剧
出神，小文冲进去抱着奶奶说："奶奶，我舍不得您，我陪您再多
待一会儿！"一看小文又回来了，奶奶又高兴起来，小文挽着奶奶
的手继续道："奶奶，我陪您一起看，我给您当小翻译。"小文还
教了奶奶几句韩语，奶奶笑得合不拢嘴。

　　通过韩剧了解韩国文化、语言是一件不错的事情，小文通过自己看
韩剧学到的韩语帮助了迷路的韩国友人，也明白了不能因为光顾着追韩
剧而不顾身边人的感受。互联网时代我们接触到了比以往任何时候都丰
富多彩的信息，大量的外国文化也进入我们的视线，这为我们了解更多
元的文化提供了便利，但我们如何选择也是一个难题。接下来就让我们
一起聊聊我们"哈"过的那些外国文化吧！

跟我聊聊吧

● 什么是"哈韩""哈日""哈欧美"？

　　"哈"，源于台湾青少年文化的流行用语，意指"近乎疯狂的想要
得到"。"哈韩""哈日""哈欧美"的大致意思就是狂热追求韩国、日本、
欧美的音乐、电视、时装等流行娱乐文化，在穿着打扮和行为方式上进

行效仿。"哈韩族""哈日族""哈欧美族"也就是指热衷于日韩欧美文化的群体，这些人在生活、娱乐、思想方面，大量地从日韩欧美文化中吸取养分。

● 我们为什么热衷于日韩欧美文化？

随着日韩欧美影视剧、流行音乐、明星的流行，日韩欧美大众文化风行一时，引发了中国年轻受众所谓的"哈韩""哈日""哈欧美"现象。

这是一个开放的时代，文化的多元化使我们有了更多的选择。日韩欧美文化满足了我们多元的文化需求，有助于我们个性的解放和民主化倾向的加强，赋予我们积极的主体意识，使我们呈现出具有时代特征的理性精神。我们愿意选择那些具有活力的新文化，并与其一起成长。而日韩欧美文化，是在融合了东西方文化的基础上发展起来的一种具有原创性的新文化，具有一定新鲜感与时尚性，因此对我们具有一定的感召力。

我们有自己的时尚和娱乐，有自己的表达方式，也不一味地崇拜权威、顺从长辈，不循规蹈矩，崇尚个人的选择，这种独立的理性精神适应了现代社会生存竞争的需要，有利于发挥我们的创造性，开拓新的道路。这种普遍的参与也可以说是一种"文化民主"。不会去盲目地模仿自己的偶像，"喜欢展现自己"则是许多人追逐日韩欧美文化潮流的主要原因。而在中国，能够给我们青少年提供展现自己个性化爱好、穿着的机会确实太少了，我们只有在人们的"另眼"看待中寻求一点展现自己的机会。

● 迷恋外国文化到底好不好？

文化并无高低贵贱之分，文化之间的差异也并非无逾越之鸿沟。我们要以一种兼容的态度对待不同的文化，要共同学习和包容而不是封闭和诋毁。随着全球一体化的发展，中西文化交融已经势不可挡。在全球化的进程中，各民族的历史文化总是在彼此交融、相互渗透中取长补短而得到发展和进步的，文化封闭必然导致僵化、停滞和落后。

在审视多元文化涌入中国并赢得许多青少年的认同时，我们应该看到，在某种程度上我们越来越多地认识了韩国、日本、欧美国家的文化。在当前这个开放时代，外国文化的融浸与国内文化的多元已不是奇怪的现象。我们自发地寻找着适合自己、更具活力的新文化，并乐意与新文化一起成长。尽管我们的选择可能有些偏向，我们的表达方式也太稚嫩，甚至我们有时还被商业化炒作裹挟着懵懂地迈步。但无论如何，我们反应快，脑袋灵活，容易产生新思想，接受新事物，耳濡目染、潜移默化的时间长了，不仅知识面扩大了，而且观念新了，视野开阔了，愿意以新的精神对待生活，面向世界，从而去改变自己的命运。从此角度看，可以说其影响之大难以估量。

但是以大众文化和消费文化为本质特征的日韩欧美文化，无疑会对我们青少年的成才观、价值观等方面产生功利性、世俗性的负面作用，并影响我们的审美方式和生活方式。我们的世界观、人生观和价值观尚未定型，思想最活跃，对社会潮流最敏感，但是理性选择能力和是非辨别能力较弱，因此我们的成才方式、价值取向受日韩欧美文化的消极影响也越大，具体表现在部分青少年的成才观、价值观呈现出功利性、世俗性的特点。在发展市场经济的今天，我们中的一些人把个人收入、社会地位作为人生成功的标志，甚至盲目相信金钱和权力的威力，这种功利意识及其行为所表现出来的利益驱动性，使我们越来越依赖于物质的满足，追求世俗的幸福。

总的来说，多元文化态势和多元价值观应当是进步的、有益的，它象征着一个社会的活力和自我更新能力。日韩欧美文化的流行是中国整体的社会变革和文化变迁过程中，价值观多元化和青少年价值选择多样性的具体表现之一。对这种文化现象的接受和认可，既是我们的社会对价值观多元化现实的坦然，同时也体现了社会对青少年个性化要求的宽容和尊重，这无疑是一种巨大的社会进步。当然，对待日韩欧美文化，我们也不应该完全放任自流。因为身为青少年的我们，理性选择能力和是非辨别能力还较弱，世界观、人生观和价值观尚未定型，因此我们也要学会正确地对待日韩欧美文化。

我们不得不承认，国外的文化影响着我们的生活方式。日韩欧美文化多是以娱乐为目的、以技术为手段、以文化商品生产的方式创造出来的，这种被大众喜好的文化形式，不仅构筑起一种全新的生活方式和生存方式，而且深刻地影响和改变着我们的认知、情感、思想与心理。那么我们应该如何对待外来文化？面对文化差异我们又该怎么办呢？

●我们应该怎样面对文化差异？

面对文化差异，我们应该克服自己的不安和焦虑；消除误解，尽量保持客观宽容的态度；提高对其他文化的鉴赏能力；不采取防卫心态，多关注他人的经验和看法，避免妄下断言；寻找能联结双方的相似点；入乡随俗，尊重当地的风俗习惯；探索有效的沟通技巧；在交往时，不卑不亢，以礼相待。以开放的心态接纳不同文化的同时，还要宣传、弘扬我们中华民族的文化，让世界了解飞速发展的中国，了解中国源远流长的文化。

对各民族不同的文化习俗要以开放和包容的心态平等相待，在交往中相互尊重、相互学习，友好往来，让中国走向世界，让世界了解中国。对于外国的文化与习俗，我们不能不加分析地简单模仿，全盘照搬。对外来文化中存在的糟粕应该坚持原则，明辨是非，坚决抵制。

必须掌握文明社会普遍认可和适用的基本礼仪和礼节。文明的差异不应该成为不可逾越的鸿沟，平等交流、相互包容是彼此沟通的桥梁。只要人们放弃偏见，以平等尊重的态度对待其他国家和民族，就会发现别人的长处和彼此的共同点。只要人们对彼此的差异抱着理解宽容的态度，就能求同存异，达到和谐共处。

●我们对外来文化该持何种态度？

世界各国、各民族的文化习俗都具有独特性，正是这种文化习俗的独特性，才构成了世界文化和文明的多样性和丰富性。不同国家和民族由于生活习俗和文化背景的差异，造成了处理、解决问题时的态度和方法的不同。我们要了解或尊重不同国家、民族的风俗习惯，并且在交往中引起重视。

如果缺乏足够的沟通和交流，彼此不够了解，就容易在文化的交流和碰撞中产生冲突。不同文化之间的沟通与交流，能促进不同国家和民族之间的和睦共处；不同文化之间的沟通与交流，在一定程度上已成为消除民族间的冲突与仇恨的重要手段。世界文化正是在多种文化的碰撞、交流和交融中，相互汲取营养，焕发出新的生命力。

学习外来文化，不等于照抄、照搬，而要批判地接受。继承中华优秀传统文化，弘扬中华民族精神，是我们责无旁贷的历史重任。

● 中国的多元文化

中国有 56 个民族，其中汉族占据多数人口，其他各族为少数民族。每个民族都有其独特的传统、文化、历史，像蒙古族、藏族、维吾尔族等少数民族还有自己的语言。各族人民相处融洽，多数人都对其他各民族有着浓厚的兴趣并尊重其他民族传统的文化。例如：在古城西安，既有中国本土宗教道教的道观，

也有供奉佛指舍利的法门寺；有基督教的教堂，也有伊斯兰教的清真寺。在盛唐时期所建的回民区里，至今还居住着绝大多数的少数民族家庭。中国政府也支持和鼓励多元文化的发展，一系列的少数民族优惠政策充分体现了我国对多元文化的认同与尊重。

第七章 迷弟迷妹：我为谁狂？

趣味 小链接 --

思考题

"哈日族"和"哈韩族"是这样的一类人群,言必称日本、韩国,吃日本、韩国料理,听歌只听日韩歌手的,模仿他们的服饰、语言、动作。你怎样看待"哈日族""哈韩族"?

A. 正常的,无可厚非。

B. 谁先进我们就向谁学习。

C. 在走向世界的同时,我们不能迷失自己,不能失去自身的独特性,要批判地接受外来文化,同时继承和发扬中华优秀传统文化。

D. 日韩的文化传统都是精华,应该学习。

答案解析

答案 A:错误。对于外国的文化与习俗,我们不能不加分析地简单模仿,全盘照搬。

答案 B:错误。日韩文化不等于先进,中国文化也不等于落后。世界各国、各民族的文化习俗都具有独特性。

答案 C:正确。对各民族不同的文化习俗要以开放和包容的心态平等相待,在交往中相互尊重、相互学习,友好往来,让中国走向世界,让世界了解中国。学习外来文化,不等于照抄照搬,而要批判地接受。继承中华优秀传统文化,弘扬中华民族精神,是我们责无旁贷的历史重任。

答案 D:错误。日韩文化中也有糟粕,对外来文化中存在的糟粕应该坚持原则,明辨是非,坚决抵制。

外国文化丰富多彩,可以开阔我们的眼界。我们通过各种韩剧、日本动漫、美剧等走近外国文化,了解世界各地的人们,这是我们扩展自己视野的不错选择。但是中国文化源远流长,我们要对自己的文化有足够的自信。中国文化璀璨耀眼,也是很值得我们着迷的!

互联网文化:网络世界万花筒

第三节　别人的世界更精彩

　　小志今年刚上初中。从小学到初中，学习任务和学习方式上的改变让小志一时没缓过劲儿来，数学和英语两门课程学起来有些吃力。小志性格又比较内向，遇到疑惑也很少向老师提问或者向同学请教。期中考试成绩出来后，小志的英语和数学成绩都只在及格边缘，这让小志很苦恼。

　　这周末，小志正在读大学的表姐来家里做客，表姐问起了小志的初中生活。小志把自己上初中以来感觉到的学习上的压力一一告诉了表姐，包括这次期中考试的成绩。表姐了解情况后一边安慰、鼓励小志一边拿出自己的平板电脑，说道："来，姐给你介绍一款神器！"表姐给小志介绍了现下很流行的网络直播，直播内容非常丰富，但是表姐着重给小志介绍了几个名师的在线课堂直播。这几位名师非常受欢迎，观看直播的在线人数很多，大家通过发弹幕与上课的老师交流，气氛非常轻

松活跃，可选的课程也很多。

接下来的这半学期，小志每天回家做完作业都会让爸爸允许他使用两个小时的平板电脑，用这两个小时观看名师课堂直播，重点听最近在课堂上没听懂却又没鼓起勇气请教老师的内容，小志也学会了通过发弹幕向老师提问，和一起在线观看的同学互动。直播课堂的进度与学校学习不一样，一些新的知识点也会讲到，有多的时间小志也会看看，当作预习。

期末考试时，小志的几门课程都有了很大进步，班会上班主任还特意表扬了小志，这让小志欣喜不已。课间许多同学都围着小志，问小志是怎么学习的，小志从来没跟这么多同学说过话，憋红了脸。他想起自己在看直播时跟别人互动也是慢慢地才融入其中，这次他决定鼓起勇气，与身边的同学互动！小志挠挠头："嘿嘿，我可以给大家介绍一款神器！"小志把自己通过直播学习的方法与同学们分享了，还说了发弹幕的趣事，一时间教室里欢声笑语。

网络直播平台因其即时直播、互动性强等特点，备受年轻网民的喜爱，但是网络直播起步晚发展快，仍有许多不足。我们要学会正确对待、合理利用，像小志一样利用网络的有利面，为自己的学习加分，为自己的生活添彩。接下来就让我们一起来走近网络直播，看看别的精彩世界吧！

● 什么是网络直播？

网络直播平台兴起的时间不长，目前并没有官方的定义。简单来说，网络直播是新兴的高互动性视频娱乐方式，这种直播通常是主播通过视频录制工具，在互联网直播平台上，直播自己唱歌、玩游戏等活动，而受众可以通过弹幕与主播互动，也可以通过虚拟道具进行打赏。我们可以通过直播平台观看在线课程、聊天、与明星互动以及了解产品信息等，我们可以通过直播平台更直观地接触真实的对方，直播是网络人际交流的新平台、新空间。

● 网络直播，播些什么？

根据网络直播内容的不同，网络直播可划分为：游戏直播、生活直播和秀场直播等。游戏直播主要指针对网络游戏、单机游戏等比赛或项目进行直播并加以解说，是目前网络直播最重要的组成部分，也是推动网络直播迅速发展的重要因素。秀场直播包括才艺直播、聊天直播等，对主播个人形象要求较高，是国内起步较早的直播类型，加入弹幕社交功能后，成为受众类型最多样的直播类型。生活直播包括各种展会、新闻发布会等的直播，目前尚处于起步阶段，规模不大。除此之外的网络直播形式还有：教学直播、美食直播、户外直播、健身直播等。国内出名的网络直播平台已有十几家，包括斗鱼、熊猫、战旗、龙珠、虎牙等。

● 正确看待网络直播

每个新兴技术或新兴媒介被创建之初的意图都是单纯美好的，是希望给我们的生活带来便利，媒介和技术本身是没有善恶之分的，让它们变好或变坏的是使用它们的人。网络直播现在正是"热火朝天"的时候，一旦监管不力就难免有各种低俗、恶趣味的东西开始滋生。事情都有两面性，网络直播也一样，有让人接受的好处，也有让人躲不掉的坏处。

我们爱上网络直播是因为它突出了我们的个性，它也是我们与更多人互动交流的平台。

个性突出。网络直播更加突出个体的个性，人们通过直播释放表达、表现的欲望，个性十足的人们迅速成为不同话题的带头人，也围绕不同的话题形成不同的圈子。

及时交流、实时互动。陪伴与分享是直播的核心价值，这也成了网络直播领域的大趋势。各阶层的人们都能通过发布按钮把此时此刻正在经历的新鲜事情搬到网络上并实时与观众互动，同时也可以让观众实时观看各种有趣的分享。网络主播在展示自我的同时特别强调与

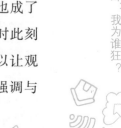

受众的互动。在直播中，观众会送给主播虚拟的"礼物"或发送弹幕，与主播实时互动。[1]

但我们有时又讨厌网络直播，因为网络直播过于娱乐化、内容杂乱、直播门槛低，从而导致大量不健康的内容充斥其中。

泛娱乐化。在资本大力推动下，网络直播平台间竞争加剧，"娱乐至死"现象颇为严重。为迎合大众的文化趣味，越来越多浅薄和庸俗的直播内容不断刷新我们的"三观"。

内容杂乱。各大平台对直播内容几乎毫无规划，什么能赚钱就上什么类型的内容，毫无特色，内容庞杂。

直播门槛低。网络直播平台有着极低的门槛，对户外直播来说一台手机即可搞定。这也使得质量参差不齐的内容越来越多。

消费女性。在网络直播中，女性一直是催化剂，也是关注热点，尤其在性别失衡的"宅男经济"中，一些女性以大尺度暴露和言语挑逗吸引男性观众，使一些直播内容陷入低俗甚至恶俗。[2]

对于绝大部分人来说，上镜出名实在太难了。网络平台恰恰满足了一些人渴望成名的需求。网络时代造就了太多的网络红人，这些原本拥有话题性和炒作性的群体苦于找不到合适的平台来展示自己，网络直播恰恰给了他们一个机会。

由于网络直播行业刚刚兴起，还没有形成系统的行业规范，部分直播平台存在乱象。国家相关部门于2016年4月发力监管，文化部拟出台加强网络表演管理的政策，在经营主体管理、事中事后监管方面对网络直播表演关键环节进行规范。同月，20多家主要从事网络直播表演的企业负责人发布《北京网络直播行业自律公约》，承诺接下来对所有主播进行实名认证，对于播出涉政、涉枪、涉毒、涉暴、涉黄内容的主播，情节严重的将列入黑名单。国家的关注和相关部门的监管，对直播行业的

---

[1] 引自赵梦媛《网络直播在我国的传播现状及其特征分析》。

[2] 引自陈浩《网络直播平台：内容与资本的较量》，视听界，2016（3）:60-64。

发展大有裨益，视频直播行业的市场会在监管和自律中回归理性发展，将吸引更多人的加入。[1]

一起谈谈心

网络直播并不是洪水猛兽，我们也不用急着一棒打死，网络直播本身是一个单纯友好的分享平台，如果我们能好好利用起来，那也是一个很便利的工具。

如今的人们生活压力大，一天忙碌下来心情很是糟糕，闲暇之余看一场直播，立马心情变好，便能心情愉悦地结束这一天。有很多人，喜欢唱歌、喜欢跳舞、喜欢表演，他们自恃有才，却苦于遇不到伯乐。他们渴望自己的才华被人发现，好有一番成就。网络直播就给这些人提供了一个展示才华，实现梦想的机会。

我们看到直播中有的主播聊最近的时事、谈自己的看法，有的主播讲讲段子、灌点鸡汤，也有主播唱歌跳舞、表演节目。但总有些主播为了吸引粉丝，增加关注量，进行一些极其低俗恶趣味的直播，这种方式实在不可取。那么在如此纷繁复杂的网络直播中，我们应该如何取舍呢？

●我们应该看什么样的直播？

现在智能手机的普及率已经很高了，只要有一部智能手机，连上网络我们就能开始观看直播。但是各个直播平台中各色主播直播的内容良莠不齐，我们要学会筛选内容，那些只是一味靠颜值、言语粗俗、行为出格来博眼球的就没有必要过多关注了，那只是浪费我们的时间。但直播平台上还是有值得我们看一看的东西，比如许多名校名师会利用自己的空闲时间在网上直播授课，氛围轻松、互动幽默，这样的网络课堂我们不妨在课余时间多去看看。

[1] 引自赵梦媛《网络直播在我国的传播现状及其特征分析》。

第七章 迷弟迷妹：我为谁狂？

●我们应该如何正视打赏行为？

打赏是网络主播和直播平台的一项收入来源，也是观看者表达对主播喜好的一种方式。但是我们要时刻提醒自己，我们现在还在学习阶段，并没有工作赚钱的能力，难道我们要花着父母辛苦工作赚的钱去打赏一位不认识的主播吗？另外值得注意的一点是，一些网络平台和主播为了吸引观众，会存在刷礼物的作弊行为，即主播花钱用小号给自己送礼物，伪装出自己人气很高的假象以此"抛砖引玉"诱使更多人给自己打赏。观看直播时，我们一定要理智，如果这个主播的直播内容健康，且你真的欣赏这个主播，希望他可以做得更好，那么你可以给他留言表示鼓励，也可以向自己的朋友推荐为他积攒人气。

●我们可以直播吗？

这么多人参与到直播当中，那么我们是不是也可以直播呢？当然可以！其实直播还有很多好的用途，比如我们可以直播我们的班会，让爸爸妈妈知道我们的情况；直播我们的元旦晚会表演，向更多人展现我们的风貌；直播我们的一次手工课，与更多小伙伴交流动手动脑心得；直播一次植树活动，提醒更多人爱护环境保卫地球；直播一场学校的运动会，让因为工作不能来观赛的家人朋友也能为我们加油助威……直播可以是很有趣的事，关键在于我们如何选择！快和身边的小伙伴说说，我们还能利用直播做哪些有趣有意义的事吧！

趣味 小链接

接下来给大家推荐几个不错的名师直播间，希望我们都能像小志一样，利用课余时间查漏补缺，每天进步一点点！

（一）甬上云校——名师直播间

"甬上云校"是宁波市教育局在"空中课堂"的基础上推出的网络学习新品牌。我们可以通过电脑、电视、移动设备观看。"甬上云校"目前包含近千集课程视频，除小学、初中、高中的基础教育课程外，还包括学前教育以及面向成人的保健、文化、艺术等教育视频。

这里有多个名校、多位名师可供选择，我们可以根据 "直播预告"了解每天的直播课程信息，如果错过了直播也没关系，我们也能通过"精彩回放"找到自己想听的课程。这里面的课程大多数都是免费的，所以我们可以尽情地享用这些资源。

（二）深圳市网络课堂

深圳市网络课堂有同步课堂、职业教育、特殊教育、专题四个板块，内容丰富，课程也都是免费的。同步课堂涵盖了小学、初中、高中几乎所有科目的课程，方便我们及时巩固自己的所学知识。

（三）小猿搜题

是一款为中小学生设计的拍照搜题软件，软件操作简单，手机拍照，即可得到答案 。全面覆盖语数外、物化生、政史地九大科目，配备视频讲解。

第七章　迷弟迷妹：我为谁狂？

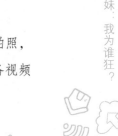

（四）作业帮

是面向全国中小学生的移动学习平台，也是习题搜索、课程直播和1对1辅导的综合学习工具。在作业帮，学生可以通过拍照、语音迅速得到难题的解析步骤、考点答案；可以迅速发现自己的知识薄弱点，精准练习补充；可以观看课程直播，手机互动学习；也可以与全国众多名校老师在线一对一答疑解惑；学习之余还能与全国同龄学生一起交流，讨论学习生活中的趣事。

当然，网络课堂并不能代替我们在学校的学习。我们不能因为有网络课堂就可以在学校的课堂上开小差，学校的学习更加系统和完整，网络课堂虽好，但我们最好把它当作正式课堂外的查漏补缺和提前预习。我们应该把更多的精力放在学校的课堂上，如果有的知识需要巩固，那我们则可以寻求网络课堂的帮助。

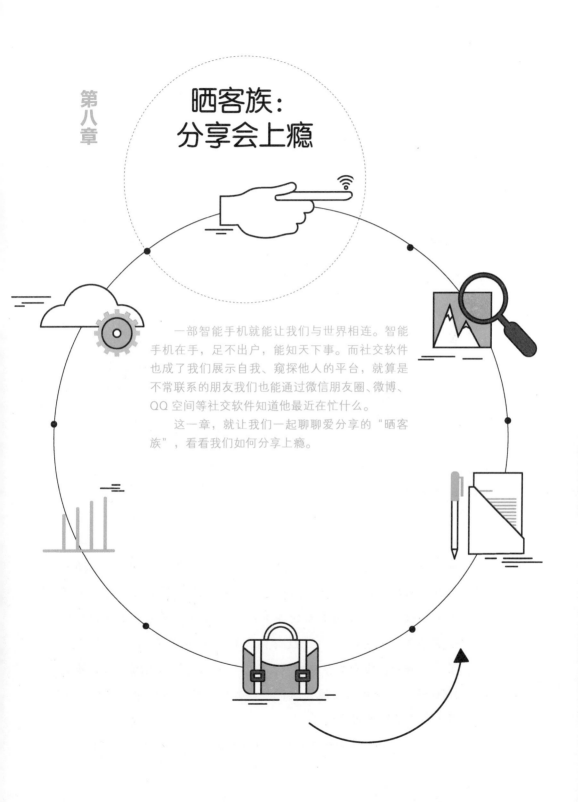

第八章

晒客族：
分享会上瘾

一部智能手机就能让我们与世界相连。智能手机在手，足不出户，能知天下事。而社交软件也成了我们展示自我、窥探他人的平台，就算是不常联系的朋友我们也能通过微信朋友圈、微博、QQ 空间等社交软件知道他最近在忙什么。

这一章，就让我们一起聊聊爱分享的"晒客族"，看看我们如何分享上瘾。

第一节 怎么哪里都有你？

最近小丽迷上了刷微信朋友圈，朋友圈里有朋友分享的趣事，有帮忙买东西的代购，有同学们的自拍，还有朋友们出去玩时拍的各地美景，真是足不出户就能知窗外事啊！

小丽不仅自己喜欢玩微信朋友圈，还把爷爷奶奶也发展成了朋友圈达人。自从学会发朋友圈后，爷爷经常在朋友圈里分享各种不知真假的"养生文"，奶奶则喜欢为自己拉"最美广场舞达人"的投票。

最近爷爷开始在朋友圈里发为重病患者筹款的链接。这天小丽放学后被爷爷叫住，让小丽教他如何用微信给人家转账，小丽便提醒爷爷，朋友圈里的消息也不能全信，尤其是涉及金钱的，更不能随意给他人转账，爷爷说自己只是想学一下，不会上当的。晚饭后，隔壁的李爷爷过来，说之前在朋友圈看到有个小孩得了白血病需要捐款，他捐了 500 元，结果好像上当了，小孩家属根本不缺钱。李爷爷问小丽的爷爷："老王啊，你捐了多少啊？"小丽爷爷一听也懵了："哎呀！我捐了 1000！"小丽一听就急了："爷爷，您不是答应我不乱给不认识的人转账吗？怎么还转了1000 呢？"爷爷生气地说道："什么朋友圈，专门坑熟人！以后再也不用了！不用了！"

晚上，小丽跟爷爷奶奶正坐着看电视，爷爷电话突然响了，是隔壁李爷爷打来的。原来是李爷爷的女儿在医院生产需要输血,李爷爷的女儿又是RH阴性血(俗称"熊猫血"),医院的存血不够,急得一家人到处打电话求助。爷爷放下电话也着急得不行,奶奶也急了:"怎么办啊,人命关天呀,要得这么急上哪里找去呀?"这时小丽突然站起来:"爷爷奶奶别急,我有办法!用微信朋友圈!赶快在朋友圈里发求助让大家转发!"

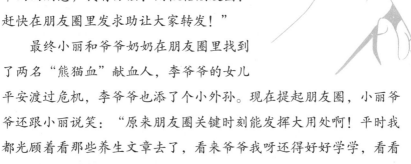

最终小丽和爷爷奶奶在朋友圈里找到了两名"熊猫血"献血人,李爷爷的女儿平安渡过危机,李爷爷也添了个小外孙。现在提起朋友圈,小丽爷爷还跟小丽说笑:"原来朋友圈关键时刻能发挥大用处啊!平时我都光顾着看那些养生文章去了,看来爷爷我呀还得好好学学,看看怎么正确使用朋友圈啊!"

小丽和爷爷利用朋友圈帮助他人,这样使用朋友圈是值得我们点赞的。朋友圈以及其他社交媒体设计之初的本意是希望朋友之间保持联系、分享生活、时常互动。接下来就让我们一起聊聊我们的朋友圈吧!

什么是朋友圈?

"朋友圈"是一个由熟人、半熟人组成的"关系圈",是现实社交在网络世界的延伸,也是个人获取信息的重要渠道。在"朋友圈"中,有同学、家人、亲戚、同事……大家共同组成一个规模不等的圈子。人们喜欢在"朋友圈"上晒晒自己的见闻、分享生活的感悟、吐吐槽、点点赞、跟朋友一起领略千里之外的风光,也可以透过手机屏幕看看异国他乡的美食。对于很多人来说,虽然耗费在朋友圈上的时间越来越多,却并不厌烦。

● 朋友圈里并不都是朋友

可是，作为一种开放的社交工具，朋友圈也是一个复杂的"关系圈"。除了亲朋好友，"圈子"里的人越来越多，关系越来越复杂，信息来源越来越广；从别处转来的内容多，来自身边的内容少；"圈子"大了，有助于开阔眼界，但也给非真实信息提供了"舞台"。最近，随着微信营销、微商的大量出现，朋友圈的内容更加复杂。如今，打开朋友圈，卖衣服、化妆品、海外代购、厂家直销等类似的商业信息频频出现，加上千篇一律的心灵鸡汤、名人轶事，人们对朋友圈的感受越趋复杂。从气氛轻松的晒照、吐槽，到令人厌倦的广告、营销，从生活百态到养生秘籍、名人秘史，再到明星八卦、小道消息，看朋友圈着实成了一种"阅读包袱"。

● "朋友圈"是个什么圈？

心灵鸡汤励志上进，看多了也会觉得虚假；旅途见闻能开阔眼界，发多了也会觉得乏味；商业广告频频出现，更让人觉得多了几分物欲、少了几分情谊。一旦"朋友圈"成了无所不包的大杂烩，也就没了朋友间的那份简单、纯洁。

"朋友圈"是一个开放的圈。它提醒我们，在这样一个信息爆炸的时代，每个人都要时刻注意甄别真假、冷静理性。现代科技使人们的沟通更便利、生活更丰富，但对于朋友圈这样的社交工具，既不能过于依赖，更不能沉溺其中，以至忽视了人与人之间的直接交流。

"朋友圈"是一个虚拟的圈。在这个"圈"里，认识十几年，感情深如兄弟姐妹的是朋友；只有一面之缘，彼此知之甚少的，也是"朋友"。当这些人统统进入一个"圈子"，我们就会发现，此"朋友"非彼朋友。一旦过于依赖这个"圈"，就容易迷失方向。

归根到底，"朋友圈"只是人们之间一种沟通、联系的新方式。随着移动互联网的不断发展，未来肯定还会有更多、更新的网络社交工具出现。无论是什么样的工具，终究只能是工具。对"朋友圈"这样的交际舞台，如果我们无法拒绝，无法屏蔽，也无法选择离开，最现实的办法，是淡看这个虚拟的圈子，在纷纭芜杂的信息面前，永远保持一份清醒、一份定力。[1]

一起 谈谈心

朋友圈是一个用来分享和记录自己生活的地方，对我们自己而言，记录着我们当下的状态、心情，一张照片、一句简单的话，都是我们对生活的一点点感悟；对他人而言，它是别人了解我们生活的小窗口，也是朋友之间相互点赞留言、保持交流的纽带。可是如今的朋友圈，一部分人在里面塑造出了一个"想变成的自己"，刻意营造出一种假象，一种自己想要活成的样子。而那个真实的自己，隐藏在屏幕背后看着别人给不真实的自己点赞。

● 朋友圈有点变味了

或许是虚荣，或许是自卑，朋友圈里的自己总是在看似无意地刻意宣告自己现在过得很好。通过晒美食、晒聚会、晒旅行等行为来掩饰那个真实的自己。

真实情况也许是这样的：

晒朋友、晒聚会。可能孤独才占据生活的一大部分。

晒名牌、晒豪车。可能缺乏的是他人的认同感。

晒旅游、晒出行。可能一年也就只出去那么一次。

这种宣告，不仅仅是对别人，也是对自己，让自己活在这种假象里，可能会有一丝的心理安慰。

这时候，朋友圈已经不仅仅是记录工具了，更是一种发泄、一种逃离。

我们有很多种私人方式来记录我们的生活，可是到了公众平台，就无法只以自己的角度去记录了。将自己生活放于公开的社交平台那一刻，更多想到的是"希望大家看到一个什么样的我"。

想让别人看到一个什么样的我，别人会怎么评价这样的我。而相同的，

---

[1] 引自《人民日报》.《 "朋友圈是什么圈"？》，有删改。

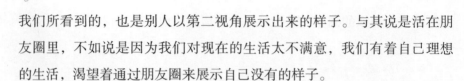
我们所看到的，也是别人以第二视角展示出来的样子。与其说是活在朋友圈里，不如说是因为我们对现在的生活太不满意，我们有着自己理想的生活，渴望着通过朋友圈来展示自己没有的样子。

可是，真正经历了什么，活成了什么样子，只有自己才知道。人真正能活成的只有一种样子，要活成朋友圈而不是活在朋友圈。如果朋友圈里向大家展示的是我们想要的样子，而通过自己的努力，活成朋友圈里的样子，那也是一种成功。[1]

●我们可以尝试这样使用朋友圈

朋友圈只是一种社交工具，它本身是中性的，没有好坏之说，重点在于我们如何运用它。在朋友圈里各种包装自己、炫耀自己的只是一小部分人的行为，我们使用朋友圈的初衷也许只是希望朋友之间能有个渠道去了解对方的近况。尽管我们相隔千里，但我能在朋友圈看到你的消息，看到你的生活，知道你过得好与不好，这对朋友来说岂不是一件好事！朋友圈始终是我们自己的朋友圈，使用权掌握在我们自己的手里，我们可以把它变成自己的伪装，也可以把它变成我们生活的点滴记录，等过几年回头来看我们还能重温过去的时光，未尝不是一件美事。希望我们的朋友圈里会是我们最温暖的回忆！

[1] 引自今日头条《朋友圈和现实的差距，你中了几个》，有删改。

由于社交媒体的开放性与用户的复杂性，我们在使用社交软件交朋友时一定要注意保护个人隐私并且提高警惕，以免个人利益受到侵害。下面就让我们一起来学几个保护个人隐私的妙招！

1.不使用定位。在家发朋友圈时最好不使用定位发送自己的位置以免暴露自己的家庭住址等个人信息给有心人。

2.设置好友验证。以微信为例，将"我—设置—隐私"中的"加我为朋友时需要验证"选项设置为开启状态，这样当有人想要加我们为好友时必须通过我们的验证，这样能防止陌生人的随意添加。其他社交软件在设置中也可做相应调整，大家可以自己试一试。

隐私

加我为好友时需要验证

3.不要随意添加陌生人。当有陌生人主动添加你时，如果他没有主动说明自己的身份，那我们最好不要添加。此外我们也不要主动去添加陌生人，以免留下隐患。

第八章 晒客族：分享会上瘾

4.谨防社交软件诈骗。如果有一个很久不见的朋友或者同学在社交软件上找我们借钱，借还是不借？肯定不借！首先我们都是学生本来就没钱，真有急事要钱也不至于找我们；其次我们也要赶紧用电话联系上声称借钱的这位朋友或同学，看看他到底发生了什么事，如果是账号被盗就不用理会，如果他真有困难那我们就要告诉老师或者父母了。

在使用社交软件的过程中保护个人隐私的小妙招还有很多，这里我们无法给大家一一列举。大家还有其他保护个人隐私的小妙招吗？赶快跟身边的朋友分享一下吧！

第二节　晒着晒着就变"网红"了

听我讲故事

　　"58 秒 95？我以为是 59 秒！我有这么快……没有保留，我已经……已经用了洪荒之力啦！"在里约奥运会女子 100 米仰泳半决赛中，杭州姑娘傅园慧晋级决赛。接受采访时，傅园慧气喘吁吁地称赞自己一身"神力"，而她说话的表情夸张得难以置信。这段"洪荒之力"言论，使得她迅速走红网络，几小时内，傅园慧的微博粉丝数量增长了近 60 万，成为新晋"网红"。

　　泳坛"小公举"傅园慧获封"行走的表情包""泥石流女神"等称号。事实上，傅园慧的乐天派性格几乎是她出道以来一以贯之的，但面对旁人的评价，她也曾严肃地回答："我不是个搞笑，我是个'哲学家'，我只是比较快乐而已，没有（受过）挫折的人，怎么会有这么乐观的性格？"

金牌、铜牌
都想要

　　2016 年，中日澳三国对抗赛时，傅园慧的 200 米仰泳成绩比去年同一时段慢了 11 秒，"你知道 11 秒意味着什么吗？"她反问记者，"11 秒就是我从泳池这边游到泳池那边的时间。"

　　傅园慧在里约奥运选拔赛女子 100 米自由泳预赛中位列第 16 名，随即退出半决赛。次日上午，她再次以放松的心态参加女子 200 米仰泳预赛，以 2 分 17 秒 93 的成绩排在第 33 名。此时，她很有可能无法参加奥运会。当时傅园慧甚至在微博发文：如果我今晚阵亡了，请大家记得我曾经也是一条好汉。

然而，尽管此次成绩差得连傅园慧自己都难以相信，但在接受记者采访时，她仍然一脸轻松，豪爽的笑容中丝毫看不出比赛结果不利的压力，她并不觉得自己在低谷中，乐呵呵地表示："之前练得太累了，过度疲劳，需要时间去调整休息，我觉得那时状态也不算低谷吧。"随后毫不在乎、颇具气势地说："谁没有个低谷，谁没有个挫折，这都没什么大不了的，我坚信我马上就能恢复，而且我恢复了之后还是一条龙！"甚至还安慰担心她的网友说："请大家放心，宝宝会好好地活下去！没啥过不去，一切天注定，竭尽全力活着吧，皮卡丘。"

即使是面对无数人患得患失的奥运奖牌，傅园慧也显得无比坦然，除了奥运金牌，体育中仍有其他许多令人沉醉的东西。"我首先希望开心，就是我活得够快乐，身边有我喜欢的人，也有人喜欢我，然后我会拼尽全力去做好我正在做的事情，比如说现在是当运动员，就会竭尽全力去当一个优秀的运动员，无论结果怎么样，我一定不会后悔，如果要离开，也是笑着离开。"[1]

傅园慧的乐观和积极为她圈粉无数并迅速成为新晋网红。她没有在失利后失声痛哭，而是正视自己的不足并期待着下一次挑战。这样的网红我们怎么能不为她点赞！除了傅园慧我们还有其他熟知的网红，接下来我们就一起聊聊网红。

---

[1] "洪荒之力"傅园慧：心情好就该放声大笑 不然人生还有啥意义［N］.广州日报，2016-08-09.，有删改。

●什么是网红?

网红,顾名思义,为网络红人的简称。"网络红人"是指在现实或者网络生活中因为某个事件或者某个行为而被网民关注从而走红的人。他们的走红皆因为自身的某种特质在网络作用下被放大,与网民的审美、审丑、娱乐、刺激、偷窥、臆想以及看客等心理相契合,有意或无意间受到网络世界的追捧,成为"网络红人"。

因此,"网络红人"的产生不是自发的,而是网络媒介环境下,网络推手、传统媒体以及受众心理需求等利益共同体综合作用下的结果。

●网红为什么能红?

艺术才华成名。这一类的网络红人主要是依靠自己的艺术才华获得广大网民的追捧。他们大多数不是科班出身,没有接受所谓"正规"的训练,往往是依托其非同一般的天赋和在兴趣支配下的自我学习,从而在某个艺术领域形成了自己独特的风格或者技巧。他们通过把自己的作品传到个人网站或者某些较有影响力的专业网站上吸引人气,由于他们在艺术上有不同于主流的独特的品味,所以能逐渐积累起不错的人气,从而拥有某个固定的粉丝群。

搞怪作秀成名。这一类型的网络红人通过在网络上发布视频或者图片的"自我展示"(包括自我暴露)而引起广大网民关注,进而走红。他们的"自我展示"往往具有哗众取宠的特点,他们的言论和行为通常借"出位"引起大众的关注。他们的行为带有很强的目的性,包含一定的商业目的,与明星的炒作本质上并没有区别,都是为了引起大家的注意。

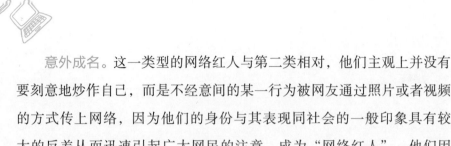

意外成名。这一类型的网络红人与第二类相对，他们主观上并没有要刻意地炒作自己，而是不经意间的某一行为被网友通过照片或者视频的方式传上网络，因为他们的身份与其表现同社会的一般印象具有较大的反差从而迅速引起广大网民的注意，成为"网络红人"。他们因为与其身份不符的"前卫"特质而具有一两个闪光点，从而被某些眼光独到的网民所发现并传诸网络，大众在猎奇心理的驱动下给予关注，觉得新鲜有趣。但是他们自身往往并不知道自己在某一时刻已经成了网络的焦点。

网络推手成名。这一类型的网络红人的背后往往有一个团队，经过精心的策划，一般选择在某个大众关注度很高的场合通过某些举动刻意彰显他们自身，给大众留下一个较深的印象，然后组织大量的人力、物力来进行推动，在全国各人气论坛发帖讨论，造成一个人气高的假象从而引起更多的网民关注。因为这一类人事先精心的策划，时机把握得当，在推出后大量地炒作，所以他们成名的概率通常比较大。

● 网红难以红得长久

无论人们多么热衷于谈论网红，但能真正火起来且"活"下去的网红终究是少数。拿专注于内容创作的网红们来说，他们如何将创作变现依旧是个难题，每一个流量平台的成长都会推出一波新的网红，附势前来的后继者们很难超越。一夜爆红的"幸运"，代表不了网红这个群体的命运以及这个行业的趋势。

值得注意的是，关注并不等于无条件追捧。当下，为了成为网红，一些人突破底线，以炫富、色情等内容博人眼球，污染社会风气，这在网红界并不稀奇。而网红时代的大众似乎更容易被"愚弄"，互联网并没有让大众变得更理智，相反人们对新事物的追捧常常表现出非理性的盲从。我们应该如何理性看待网红呢？

一起谈谈心

是不是有点名气就是"网红"？是不是成为"网红"就可以将名气变现？是不是只要红了便不讲底线？不难想象，有些"网红"就像是口红，以为弄点动静，然后再搽脂抹粉就能招摇于世。越是众声喧哗，我们越需要冷静；越是"网红"你方唱罢我登场，我们越需要重新定义"网红"。不是所有的"网红"都能成为偶像，更不是当上了"网红"就可以任性无节操。

● 我们需要什么样的网红？

有一类人也是"网红"，比如"最美妈妈"吴菊萍——当两岁女孩突然从10楼高空坠落，刹那间，身为路人的她毫不犹豫冲过去，徒手抱接，孩子得救，她的手臂被撞成粉碎性骨折。再比如"最美教师"张丽莉——学生差点被撞，生死关头，她奋力一推，学生有惊无险，她却受伤，后被截去双腿。无论是吴菊萍还是张丽莉，她们都是普通人，但是，在考验面前不踌躇，在痛苦面前不退步，其壮举触动人们的灵魂深处，唤醒了人们内心的柔软，一时间她们名满天下，赢得了世人尊重。

还有一类"网红"，比如有"布鞋院士"之美誉的中国科学院院士李小文。李院士生活素朴，淡泊名利，课堂上的一副朴素打扮，让无数网友为之点赞。习总书记说过，希望广大院士善养浩然之气，发扬我国科技界爱国奉献、淡泊名利的优良传统，以身作则，严格自律，在攻坚克难、崇德向善中做到学为人师、行为世范。李小文就是这样的院士，他成为"网红"，并不偶然。

此外，还有奥运选手傅园慧。她的鬼马精灵，她的奋力拼搏，以及面对压力时的举重若轻，也使她迅速成为"网红"，可谓实力圈粉。原因在哪里？有官员道出了真谛：傅园慧那种发自内心的激动和欣喜正是

最美环卫工人

对享受体育运动、超越自我、追求卓越的奥林匹克精神最好的诠释，是体育运动中最能感染和打动人心的一种力量。诚然，这种自信开朗不是装出来的，这种积极向上的精神风貌代表了运动员对体育精神的深刻理解。傅园慧成为"网红"，势必感染更多人热爱体育、拥抱体育精神。

我们激赏吴菊萍、张丽莉、李小文、傅园慧……首先是因为他们向社会彰显了美好的人性和真善美，还因为我们需要并相信这种美好。追求美好、舒展美好，每个人都能感受到光明和温暖，我们这个社会才能更有希望。巴尔扎克说过，一个能思想的人，才真是一个力量无边的人。这样的"网红"才是真正的"网红"，有思想，不庸俗，有积极价值，而无现实钻营。

"我们所处的时代是催人奋进的伟大时代，我们进行的事业是前无古人的伟大事业。"青年的价值取向，决定了未来整个社会的价值

互联网文化：网络世界万花筒

取向。伟大的时代需要正确的价值取向，需要真正的"网红"，也需要那些能够带给我们精神鼓舞的人成为"网红"。坚守美好，在平凡的世界做好自己，我们都能成为"网红"。网红不是坏事物，但网红也绝对不该"放置"于被崇拜的位置，他们只不过是互联网经济大潮中的一朵浪花而已，能红火多久，尚不得而知。所以，要淡然围观，冷静甄别。而对"出格""踩线"之行为则必须加强管理，这才是看待网红以及网红经济的正确态度。[1]

趣味 小链接

有人说，刚开始以为网红是凤姐、芙蓉姐姐，后来啊，以为网红是国民老公、奶茶妹妹，再后来，以为网红是罗振宇和papi酱。被追捧着，也被诟病着，经历了这些年的风雨荣衰，"网红"二字，被重新定义了。

《互联网周刊》发布了《2015中国网红排行榜，兼论2016网红趋势》。这份榜单收录的新网红，或许是天赋异禀者，或许是平凡的普通人，他们真心诚意地去做一件事，让平凡的事情变得不那么平凡；亦或许，他们本就在各自的领域有所成就，只是因某一种举动或某一种精神，被网络的力量放大，重新进入人们的视野。

他们是国家游泳队和中国女排的健儿，用热情和汗水为国家民族增光，为青春增色，用不服输不放弃的精神让全民沸腾。

他们是《最强大脑》上可以和人工智能机器人叫板的"超人"，他们让科学流行，让智慧飞扬，让大众看到智慧的魅力。

他们是《中国诗词大会》上的选手和嘉宾，他们舌灿莲花，诗词歌赋真风流，引起一股全民读诗的新风潮。

他们是活跃在社交网络上的警花警草，他们拍摄妙趣横生的普法视频，让法制法规通俗易懂，令大众喜闻乐见。

---

[1] 引自人民网，人民网评：我们需要什么样的"网红"。

第八章 晒客族：分享会上瘾

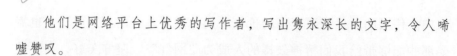

他们是网络平台上优秀的写作者，写出隽永深长的文字，令人唏嘘赞叹。

他们是年近期颐、著作等身的老教授，为传统文化奔走，弘扬诗词歌赋，导人爱美向善。

他们也有可能是人工智能机器人，是以人物形象出现的人类情感和智慧的结晶。

他们，或如阳光下的百合，热烈绽放；或如深谷幽兰，幽远馨香。他们有专业精神，有敬业态度，有生活智慧，他们身上真善美的特质被网络放大，他们所展现的生命状态和生活方式，让人们看到汗水和智慧的可贵，感受到勇气和梦想的力量。[1]

---

[1] 引自凤凰网《〈互联网周刊〉：2017 中国网红排行榜》。

后　记

　　互联网文化有着蓬勃的生命力，更迭速度十分迅速。本书中的案例是写作期间还较为新颖的话题，但等到本书与读者朋友们见面时，也许它们已被新的热点覆盖。互联网文化就像时间长河里的一颗璀璨明珠，我们不知道它何时变得如此璀璨夺目，也不知道它是不是有一天会星光黯淡。对待互联网文化，我们不必过分抨击，因为存在即是合理，我们不得不承认互联网文化给我们带来的娱乐效果是我们释放压力的一剂良药；我们也不可过分追捧，互联网文化内容种类繁多、品质良莠不齐、更迭频繁，也许当时娱乐消遣，但之后也许什么也没有留下。

　　为了让青少年对互联网文化有初步的了解，引导青少年正确对待互联网文化，我们特地编写了本书。

　　本书围绕"互联网文化"这一主题展开，共八章，由重庆工商大学马克思主义学院院长王仕勇教授指导，重庆工商大学文学与新闻学院教师魏静，内蒙古呼和浩特托克托县五中人民政府李萌萌，重庆第二师范学院教师孟育耀编写。作者网龄大都较长，对互联网文化有一定见解。全书具体撰写工作分配如下：第一章、第六章和写给青少年的一封信由孟育耀完成；第七章、第八章和后记由魏静完成，第二章、第三章和第四章由李萌萌完成，第五章由三人共同完成。王仕勇教授负责把握全书的写作方向，魏静负责全书统稿及修改工作。西南师范大学出版社高等教育分社的郑持军社长、雷刚编辑对本书的撰写及修改提出了诸多宝贵意见。

在写作过程中，我们参考了网络文化相关书籍、论文以及网络资料，参考了一些专家、学者的观点，引用了一些机构的调查数据等。在此，我们对上述文献资料的作者和机构表示诚挚感谢。

互联网发展日新月异，本书的案例、观点难免有局限落后之处，同时，由于作者的能力有限和经验不足，本书还存在一些不足之处，敬请各位读者指正！

编者于重庆工商大学

2019 年 7 月